苹果病虫害诊治原色图谱

PINGGUO BINGCHONGHAI ZHENZHI
YUANSE TUPU

主　编　楚燕杰
编著者　楚燕杰　李秀英
　　　　张利梅　陈秀娟

科学技术文献出版社
SCIENTIFIC AND TECHNICAL DOCUMENTATION PRESS

内 容 提 要

本书全面、系统地介绍了苹果病、虫害鉴别与无公害防治方面的知识。内容包括了危害苹果的病、虫形态特征、危害特点、发生规律及无公害综合防治技术。本书内容新颖，图文并茂，以图为主，信息量大，既突出了农业和生物防治，也介绍了无公害化学农药防治技术，特点是每种病虫都配有多幅彩色图片，可供全国果树科技人员、植保人员、农林院校师生及广大果农参考使用。

前言

苹果是我国北方地区栽培面积较大的水果之一。目前，全国苹果栽培面积达190余万公顷，总产量达2 000余万吨，居世界之首。但受异常气候和栽培管理制度的影响，苹果病虫害发生较为复杂，常规病虫害发生面积逐步扩大，次要病虫害发生也呈上升趋势。在苹果生产中，普遍存在病虫害防治技术落后、农药使用不科学等问题，严重地制约了苹果产量和质量的提高，影响了苹果的栽培效益和市场竞争力。

为了实现安全、健康、无公害果品的生产，安全有效地防治和控制病虫害的发生，本着服务于果农、服务于基层的原则，我们将苹果园中常见的病虫害，从病原、为害症状、发生规律和防治方法等方面进行了介绍，并配以彩色插图，以便于读者识别与判断。

由于编写时间紧、图片征集有限，加以知识水平所限，文中不足之处在所难免，恳请读者批评指正。

编著者

目录

第一章

苹果病害 /1

第二章

苹果虫害 /46

第一章

苹果病害

一、苹果树腐烂病

苹果树腐烂病俗称串皮湿、臭皮病、烂皮病，是苹果生产中危害最大的、毁灭性病害。该病害在全国各地均有发生，是东北、西北、华北地区的重要病害。主要为害十年以上结果树的主干和主枝，此外还可为害小枝、幼树和果实。

1. 为害状

枝干受害：可分为溃疡型和枝枯型两种类型，一般多为溃疡型。溃疡型：这是夏季衰弱树在冬春季发病盛期形成的典型症状。春季，病部外观呈红褐色，微隆起，圆形或长圆形，现出水渍状病斑，质地松软，手压易凹陷，流出黄褐色或红褐色汁液，带有酒糟味。病部易剥离，内部组织出现褐变。后期病部失水干缩，下陷，病健分界处产生裂缝，病皮变为暗色，发病后1个月，病部表现长出许多疣状的黑色小粒点，即病菌子座，内含分生孢子器和子囊壳。雨后或天气潮湿时，孢子器内的胶状物吸水膨胀，并涌出金黄色线状卷须，即孢子角，遇水后消散。当病斑扩大环切整个树干时，致病部以上树干或大枝枯死。夏秋季，主要在当年开成的落皮层上产生红褐色稍湿润的表面溃疡，边缘不整齐，指甲大小至长宽达几十厘米的大斑，病部表皮糟烂、松软，一般仅2～3毫米深，底层被木栓层所限或斑斑点点局部深入；后期病斑停止扩展，变干饼状稍凹陷，病健部交界处有隆起的线纹，有的还可形成子实体。晚秋初冬，表现溃疡内的菌丝穿透木栓层向内层扩展，形成红褐色至咖啡色坏死点，湿润，上覆白色菌丝团。冬季继续扩展，导致大块树皮腐烂。枝枯型：春季发生在2～5年生小枝上或树势极度衰弱的树上，边缘不明显，病部不隆起，不呈水渍状，染病枝迅速失水，干枯，当发展到环枝干1周时，全枝乃至整株逐渐死亡，重病树枝叶不茂，并呈现结果特多的异常现象。后期，病部产生很多小黑粒点，即病菌子座及分生孢子器。果实染病，初呈圆形或不规则形的红褐色轮纹，边缘清晰，以黄褐色或红褐色深浅交替轮纹状向果心发展，病组织软腐，带有酒糟味，后期病斑中部散生或聚生大而突出果皮的小黑粒点，有的略呈轮状排列，小粒点周围有时带有灰白色的菌丝层，表皮易剥离，湿度大或遇雨水时，也可从孢子器内挤射出橘黄色的丝状孢子角。

果实受害：病斑红褐色，圆形或不规则形，有弯纹，边缘清晰。病组织腐烂，略带有酒糟味。病斑在扩展时，中部常较快地形成黑色小粒点，散生或集中，有时呈轮纹状排列。潮湿时亦可涌出孢子角。病部表皮易剥离。

苹果腐烂病斑

苹果腐烂病桥接

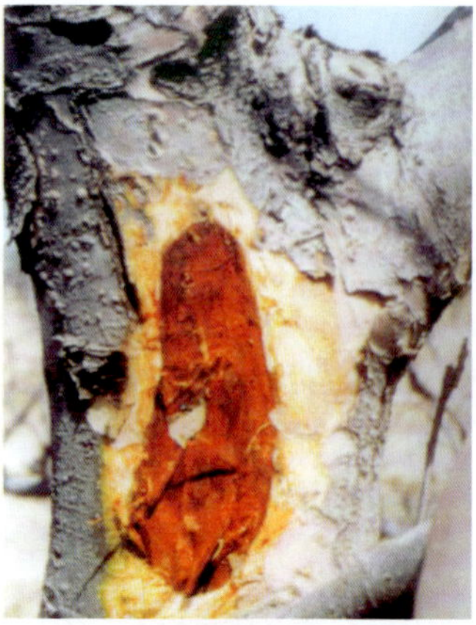

苹果腐烂病斑

苹果腐烂病枝

苹果腐烂病斑

苹果腐烂病刮除病斑

苹果腐烂病刮除病斑

2.病原

Valsa mali Miyabe et Yamada 属子囊菌亚门、核菌纲、球壳菌目、蕉孢壳科，黑腐皮壳属。无性阶段为*Cytospora Sp.*,属半知菌亚门壳囊孢属。

3.发病规律

病菌以菌丝体、分生孢子器、子囊壳及孢子角在病树皮下或残枝干上越冬，翌春产生分生孢子角，通过雨水淋溅或冲散的分生孢子随风传播，传播距离不超过10米。孢子萌发后从各种伤口或死伤组织侵入，其中以冻伤为主的组织的侵入率最高。此外，天牛、透翅蛾、吉丁虫、梨潜皮蛾等蛀干害虫也可传播，子囊孢子也能侵染，但发病率较低，潜育期长，病部扩展速度慢。

田间分生孢子以3月上旬至4月上旬为多。病菌孢子侵入后可潜伏在树皮表面坏死组织、叶痕、皮孔、果台和果柄等部位。在北方地区，从3月至11月均可侵染，以3月下旬至5月侵染较多，12月至第2年2月严冬季节基本不发生侵染。

腐烂病菌是一种寄生性很弱的兼性寄生菌，具杀生寄生性。病菌侵入寄主后，先分解毒素杀死周围的寄主细胞，并从杀死的细胞中摄取营养向四周扩展。树体对病菌抗侵入难而抗扩展易。因此，增强树势，提高抗扩展能力能有效地控制病害发生与流行。

腐烂病1年有2个发展高峰，即春季（3月至4月）和秋季（8月至

9月），春季重于秋季。

腐烂病的发病周期，始于每年的夏季，树皮于6月上中旬开始形成鳞片状自然落皮层；7月上中旬落皮层组织逐渐变色死亡；夏季苹果生长盛期，不利于病菌的扩展。症状隐蔽性是腐烂病的特点之一。外观症状出现高峰期为早春2月至4月，此期病斑扩展快，为害激烈。5月，发病盛期结束，存留下的病斑不再活动，只有老弱枝上的病斑缓慢地扩展；晚秋，病斑的发生又出现一个高峰。

病菌生长适温28～32℃，最高37～38℃，最低5～10℃。分生孢子萌发的适温为23℃，在10℃经32小时的萌发率可达30%以上，因此，其在低温下也能萌发；子囊孢子萌发适温19℃左右。病害潜育期7～15天，最长35天。

树势衰弱是引起腐烂病发生流行的主要原因，一切导致树势衰弱的因素均有利于病害的发生与流行。

树体负载量：树体的负载量是诱发腐烂的主要因素之一。在正常的情况下，苹果树进入结果期后，树体的腐烂病斑开始出现，并随着树龄和产量的增加，腐烂病的发生量也将增加。当苹果产量出现大小年结果时，易于导致树势衰弱，则腐烂病情加重。尤其是在结果大年的次年，病害发生程度大，发病期长；而小年，则腐烂病发生轻。这可能与树体的贮藏营养有关。

营养条件：在树体产量增高的情况下，合理的水肥供应，树体健壮，则病害发生轻；若肥水供应不足、尤其是是磷钾肥的不足，则导致腐烂病的大量发生。这是由于腐烂病是弱寄生菌，只有在树势弱、抗病性差时才加害树体。所以提高树势则增强树体的抗病能力。

树体的含水量：树体水分供应充足、及时，有利于各种伤口的愈合，病斑扩展速度慢；而枝条含水量低时，不利于伤口的愈合，反而有利于病菌的扩展与为害。

果园的生态环境：果园地下水位高、土层瘠薄等也可导致树势衰弱，发生腐烂病。

冻害与日灼：周期性的冻害是病害大规模流行的前提。凡是大冻之年，就是腐烂病的大规模发生之年。冬春交替，由休眠转入生长期时发生的树干日灼，造成的各种枝干伤害，是诱发腐烂病的主要因素。

4. 防治方法

(1) 加强栽培管理，增强树势，提高树抗病力。这是防治腐烂病的重要环节，包括五个方面：①采用配方施肥技术合理施肥。果园土壤的有机质含量应保持在1%以上。冬季按斤果斤肥原则重施有机底肥。合理施用氮、磷、钾肥。每50千克果施氮：磷：钾为0.7：0.3：0.7。②严格疏花疏果，使树体负载适宜，杜绝大小年结果现象。③树干涂白防止冻害发生，特别是冬季易发生日灼的地区，初冬落叶后树干涂白。涂白剂配方：生石灰6千克：20波美度石硫合剂1千克：食盐1千克：清水18千克。其中加入2两动物油可防止涂白剂过早脱落。④尽量减少各种伤口。避免修剪过度，禁止严冬修剪，修剪的伤口应涂油漆，及时防治害虫。⑤防止早春干旱和雨季积水，这样可使树体含水量正常，降低病菌抗扩展能力，加快伤口愈合。

(2) 清除病残体，减少初侵染源。结合冬季清园，认真刮除树干老皮、干皮，剪除病枝及田间残留病果，集中烧毁或深埋。

(3) 及时治疗病疤，主要有刮治和划道涂治。刮治和涂治的病疤易重犯，主要原因是木质部带菌，病菌在木质部上可存活5年，并且前3年致病力强，所以刮治和涂治要深达木质部并连续刮治3～5年。刮治是在早春将病斑坏死组织彻底刮除，并刮掉病皮四周的一些好皮。涂治是将病部用刀纵向划0.5厘米宽的痕迹，然后于病部周围健康组织1厘米处划痕封锁病菌以防扩展。刮除后可涂抹下列药剂：5%菌毒清水剂100倍液；40%福美胂50倍液加2%平平加(煤油或洗衣粉)；腐烂一抹灵；腐必治20倍液；灭腐灵原液；腐必清原液；70%甲基硫菌灵可湿性粉剂30倍液；11371发酵液；723神农液、S92120-5倍液、843康复剂。

(4) 重刮皮。5月至9月，以5月至6月最好，用锋利的刀子将病部全部刮皮，露出白绿或黄白色皮层为止，不要触及形成层，皮层中若有坏死斑也一律刮除。重刮皮可将多年积累的各种类型病变组织和侵染点彻底清除，不需要化学药剂保护，且可刺激树体产生愈伤组织，增强抗病力。

(5) 抹泥法。春季用树冠下面的泥土抹于病斑上，厚度3公分以上，然后用塑料布包扎严密，使病部组织处于密封状态，迫使病原菌失去活性。

(6) 对主干、主枝上的较大病斑，进行桥接或脚接，可恢复树势。

二、苹果轮纹病

苹果轮纹病是苹果的主要病害之一，主要为害枝干和果实，叶片受害较少。当为害枝干时，又称粗皮病或疣状粗皮病。为害果实时，又称为黑腐病、水烂病、烂果病、轮纹褐病等。

1.为害状

枝干染病，多以皮孔为中心，形成凸起的瘤状物，以病瘤为中心，形成圆形或扁圆形的不规则的褐色病斑。病斑初期为产生水渍状暗褐色小斑点，渐扩大，质地变得坚硬，中心突起，边缘龟裂，病、健部产生裂缝并逐渐加深，病组织有时可翘起脱落。中央突起处出现散生的黑色小粒点（为分生孢子器），刮去患病组织后，在树皮内侧可见黑色坏死点；病情严重的可深达木质部，并使叶脉间褪绿，枝条节间变短，先端枯死。翌年，病斑中间产生黑色粒点即病菌分生孢子器。当主干、主枝上的病斑发生严重时，病斑互相连接，使树皮变得粗糙，故称粗皮病。越冬的病枝干上的病菌分生孢子器具有不断产生孢子的能力，是侵染果实的病菌来源。

果实染病，幼果基本不发病，进入成熟期后则陆续发病，所以，病害多在近成熟期或贮藏期，红色品种，如红富士、红星、元帅等，以皮孔为中心，初期产生褐色水渍状小斑点，近圆形，小斑点迅速扩展，呈淡褐色或褐色，具同心轮纹，不下陷。病斑发展迅速，条件适宜时数天内可全果腐烂，病部溢出茶褐色黏液，并发现酸臭气味，此为诊断轮纹病的重要特征。

黄色品种，如金冠，在发病初期，果点处产生茶褐色小病斑，逐渐扩大后腐烂，在病斑周围有红色素积累，从而形成红色圆环，具典型症状。

后期病斑中心表皮下逐渐产生黑色小粒点，即病菌分生孢子器。病果腐烂多汁，失水后变为黑色僵果，致使某些品种，如金冠等丰产不丰收。

叶片染病，产生褐色圆形或不规则形病斑，具同心轮纹，直径0.5～1.5厘米，后渐变为灰白色并长出许多黑色小粒点，即病菌分生孢子器，严重时干枯早落。

苹果轮纹病果

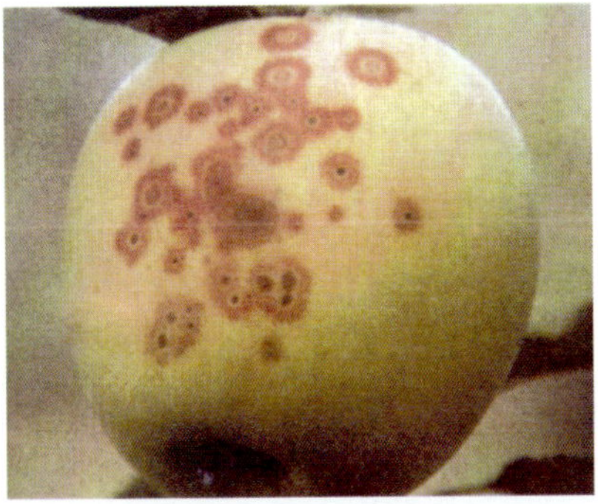

苹果轮纹病果（黄色品种）

苹果轮纹病果

苹果轮纹病危害树干

2.病原

Physalospora piricola Nose. 属于子囊菌纲，座囊菌目，囊孢菌属，无性世代为*Macrophoma kawatsukai Kara*，属于半知菌类，球壳孢目，轮纹大茎点菌。

据报道，*Macrophoma salicina Sacc*.柳枝枯病菌*M.sophorae*刺槐枝枯病菌，M.tumefaciens杨树枝本病菌，*M.macrospora*桃干腐病菌，*Macrophoma* sp.核桃枝枯病菌，均是该病病原。所以侵染果实的病原除来自苹果本身枝干外，还来自杨、柳、刺槐等多种林木树种，所以果园附近不宜种植杨、柳、刺槐等树。

3.发病规律

以菌丝、分生孢子器及子囊壳在病部越冬，病枝上的越冬病菌是该病的主要侵染源，菌丝在枝干病组织中可存活4～5年，翌春的4月至6月产生分生孢子，成为初次侵染源。7月至8月孢子散发较多，病部前3年产生分生孢子的能力强，以后减弱。病害通过菌丝体直接侵染，或通过降雨后分生孢子器释放的分生孢子侵染。分生孢子主要通过风、雨传播，横向传播的距离一般不超过10米，病菌从皮孔和果实侵入寄主，果实从幼果期至成熟期均可被侵染，但以幼果期为主，侵入幼果后的病菌呈潜伏状态，在近成熟期或贮藏期发病，潜育期20～150天，在枝干上的潜育期15天左右。枝梢一般8月中旬开始发病，叶片5月份开始发病，7月至9月间发病最多。水平生长的枝条腹面病斑多于背面，直立生长的枝条阴面病斑多于阴面。

病害的发生强度与气候、树势、栽培及品种等密切有关。

病菌发育适温27℃，最低7℃，最高36℃。分生孢子在黑光照射条件下，温度22℃，3天即可形成分生孢子器，6天后开始形成分生孢子，8～10天产生的量最多，适宜pH4.4～9.0，最适pH5.5～6.6。

气温高于20℃，相对湿度高于75%或连续降雨，雨量达10毫米以上时，有利于病菌繁殖和田间孢子大量散布及侵入，病害严重发生。

果园管理差，树势衰弱，重黏壤土和红黏土，偏酸性土壤上的植株易感病，被害虫严重为害的枝干或果实发病重。轮纹病菌是一种弱寄生菌，老弱枝干及老病区内补植的小树易被轮纹病菌侵染。

苹果不同品种间抗病性差异显著。其主要原因与和各品种皮孔的大小、多少或组织结构有关，如果皮孔密度大，细胞结构疏松的品种易感病，反之则抗病。金冠、千秋、白龙、青香蕉、富士、元帅、坂田津轻、王林、新乔纳金、津轻等易感病；红花皮、玖瑰红、甜黄魁、北斗幸、黄花皮、小国光、红玉等发病较轻。

4.病情预测

在苹果第1次生理落果后(一般为花后2周)，当日平均气温达20℃左右时，此期内若有20毫米的降雨，则分生孢子的散发量则大增，此时也是幼果易感病阶段。因此，应密切注意第1次生理落果期内的降雨情况，并根据天气预报及时在雨前喷1次杀菌剂。

进入雨季，原则上每15天喷1次杀菌剂直到采前20天。具体喷药的次数与时期，应根据降雨次数和降雨量而定。

5.防治方法

(1) 选栽抗病品种和抗病砧木，培育无病苗木。如首红、新红星、国光、淄博短等品种抗病性强。抗性强的砧木有圆叶海棠等。

(2) 加强栽培管理，增施有机肥，尤其是增施硅、钙、镁、钾肥，增强树体的抗病性。

(3) 枝干轮纹病防治：①选用无病壮苗。育苗时选用无病菌接穗，在定植后应经常检查，发现带病苗木应及时淘汰。不可将带病枝条带入新建园中。②园地的隔离带不可选用槐树、柳、杨等树木，因为有报道称柳枝枯病菌、刺槐枝枯病菌、杨树枝本病菌、桃干腐病菌、核桃枝枯病菌，均是该病的病原。③果园内清除初侵染源：冬季刮除树上粗皮，集中销毁，并用5%菌毒清水剂100倍液涂抹，此外也可用50%甲基硫菌灵可湿性粉剂(蚧螨灵)∶福美胂∶水为2∶1∶100，涂抹枝干，铲除轮纹病越冬菌。此外还可选用50%混杀硫悬浮剂200倍液或5%菌毒清水剂500倍液、腐必清100倍液、二硝基邻甲酚200倍液。④刮治病部。从3月开始及时刮治病疤，刮后用402抗菌剂50倍液、75%酒精或1%硫酸铜消毒伤口，然后用波尔多液保护。

(4) 果实轮纹病防治，主要措施为控制侵染、降低果实带菌率。①搞好果园卫生：于发芽前刮除枝干上的病瘤及干腐瘤，结合修剪清除树上的枯死枝及果园防护林中的枯死枝等，减少病源。同时，对刮下的病皮、剪下的病枝集中处理，带出果园外。②适时用药：在发芽前搞好果园卫生的基础上，应喷1次铲除剂，生长期适时喷药保果。喷药时间为：第1次5月上中旬；第2次6月上中旬；第3次6月下旬；第4次7月上中旬；第5次7月下旬到8月上旬。生长季节从5月下旬开始喷洒70%甲基硫菌灵超微可湿性粉剂1 000倍液加40%三乙膦酸铝1 000倍液或50%多菌灵可湿性粉剂1 000倍液加90%三乙膦酸铝1 000倍液、50%甲基硫菌灵可湿性粉剂800倍液、40%多菌灵悬浮剂700倍液、77%可杀得可湿性微粒粉剂500倍液、80%敌菌丹可湿性粉剂800～1 000倍液、50%琥胶硫酸铜可湿性粉剂500倍液、1∶2∶240倍式波尔多液、30%绿得保胶悬剂300～500倍液。有条件的还可使用2×10^7个/ml 芽孢杆菌，5月下旬、6月中旬、7月中旬各1次，防效较好，使果面光洁，果锈明显减轻，果实硬度增强，失水程度大为降低。③果实套袋：落花后1个月内套袋，每果1袋。红色品种可于采收前1个星期去除袋子，以利着色。

(5) 加强采前及采后管理：①采前喷药：由于轮纹病菌从皮孔侵入，在表现症状前均在皮孔及其附近潜伏，因此，在采收前喷1～2次杀菌剂，可降低果实的带菌率。生产证明，在采前的7月下旬到8月中旬，喷1～2次90%霜霉净可湿性粉剂700倍、或50%多菌灵可湿性粉剂800倍，可以降低采收后及贮藏期的病果率。②采后杀菌：果实采收后，及时挑出病虫果，并用上述药剂或S-921发酵液30～40倍、仲丁胺200倍浸果10分钟，晾干后贮藏，可减轻病害80%以上。③低温贮藏：入库或入窖前严格剔除病果，控制贮藏温、湿度，在贮藏中发现病果，及时捡出处理，以减少病害发生，贮藏温度以不高于5℃，基本不发病；0～2℃可完全控制发病。

三、苹果干腐病

苹果树干腐病又称胴腐病。主要为害主枝和侧枝，也可为害主干、小枝和果实。衰弱的老树和定植后管理不善的幼树较易受害。是苹果树枝干病害之一。

1．为害状

干腐病主要侵染成树和幼树，也侵染果实。其症状为：

(1) 干腐型：在成树和幼树上均有发生。

幼树染病：多在早春定植后不久，即缓苗期。先在嫁接口部位、或砧木剪口部位，产生红褐色或黑褐色病斑，沿树干向上、向下同时漫延扩展，造成伤口处失水，严重时幼树枯干死亡，被害部露出韧皮部，病部上产生很多稍突起的小黑粒点，即病菌分生孢子器。

成树：一般在树干上部发病，并且主要发病部位为主枝，尤其是遭受冻害的主枝。病部最初产生暗褐色、椭圆形或不整形病斑，沿树干向上、向下扩展时形成带状条斑，病健交界处有裂痕。病部表面粗糙，易龟裂，病斑只限于皮层较浅的部位，病皮干枯脱落。当枝干被病斑包围时，病部产生很多小黑粒点是该病的重要特征。严重时病斑连成一片，树皮组织全部死亡，最后可烂到木质部，整个枝干干缩死亡。有时仅发生于枝干一侧，形成凹陷条状斑，严重时导致树干枯死。

(2) 溃疡型：多发生在主枝、侧枝和主干上，一般以皮孔为中心，形成暗红褐色圆形小斑，边缘色泽较深。病斑常数块连在一起，病部皮层稍隆起，表皮易剥离，皮下组织较软，颜色较浅。病斑表面湿润，病部溢出茶褐色粘液；后病斑扩大，被害部水分逐渐丧失，形成黑褐色、有明显凹陷的干斑。病部与健部之间裂开，病部表面产生很多突起的小黑粒点。粒点小而密，顶部开口小。这是与腐烂病的明显不同之处。发病严重时，病斑迅速扩展，深达木质部，造成大枝死亡。

(3) 果腐型：果实染病，初呈黄褐色小斑。渐扩大成同心轮纹状，与轮纹斑较难区别。条件适宜时，病斑迅速扩展，数天内致全果腐烂。

苹果干腐病斑

苹果干腐病危害果实

苹果干腐病病枝

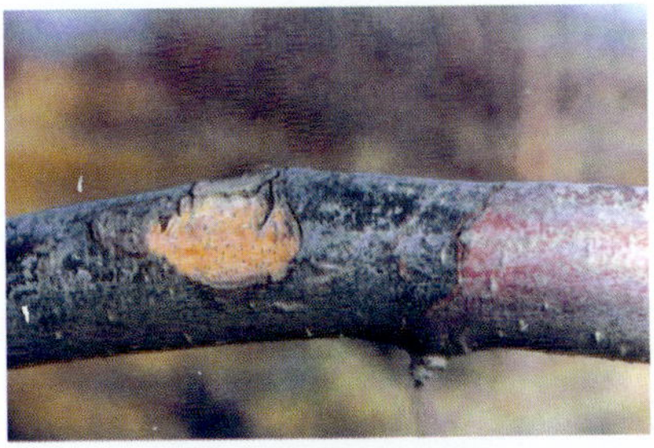
苹果干腐病危害枝条

2. 病原

Botryosphaeria berengerianade Not，称干腐病菌，属子囊菌亚门，葡萄座腔菌属。无性世代为大茎点菌属*Macrophoma*和小穴壳菌属*Dothiorella*二种类型。分生孢子器近圆球形或扁球形、淡褐色或黑褐色。分生孢子椭圆形，单胞，无色。

3. 发病规律

病菌主要以菌丝体、分生孢子器和子囊壳在病树皮内越冬，翌春病菌直接以菌丝沿病部扩展为害，或产生分生孢子或子囊孢子进行侵染，病菌孢子随风雨传播，多从伤口侵入，也可从枯芽或皮孔侵入。

该菌寄生力弱，只能侵害缓苗期的苗木或衰弱树，具潜伏侵染之特点，一般病菌先在枝干的伤口组织上生长一段时间后，才向活组织扩展。栽植的树苗转入正常生长后，该病则停滞扩展。在干旱年份或干旱季节发病重，当树皮水分低于正常情况时，病菌扩展迅速，在苹果生长期发病，以6月至8月和10月为两个发病高峰。

发病的主要条件为：

树势衰弱是病害发生与流行的主要原因之一。凡管理不良、树势衰弱的果树发病株率均高，而且病斑也较多。

严重干旱和涝害是诱发病害的主要原因之二。干腐病在干旱年份发病多，在雨水分布均匀的年份发病轻。涝害会导致果树生理失调，引起生理干旱。因此，地势低洼积水、降雨不匀、土质黏重、排水不良的果园发病重。

枝干上伤口多易于发病。尤其是发生冻害、机械损伤较多的果园，发病较为严重。

苹果各品种中，金冠、国光、富士系品种受害重，红玉、元帅、鸡冠、祝光等受害较轻。矮化砧M9发病较严重。

4. 防治方法

(1) 选栽耐病品种，如红玉、北海道9号、元帅、鸡冠、醇露、祝光等。

(2) 加强栽培管理，增强树势。改良土壤，提高土壤保水能力，旱季灌溉，雨季防涝。同时要保护树体，防止冻害及虫害等，对已出现的枝干伤口，涂药保护，促进伤口愈合，防止病菌侵入。常用药剂有1%硫酸铜等。合理施肥增强树势。

(3) 及时检查并刮治病斑。此病一般仅限于皮层，刮去上层病皮并涂消毒剂保护。常用消毒剂有40%福美胂可湿性粉剂50倍液或10波美度石硫合剂、70%甲基硫菌灵可湿性粉剂100倍液等。对树枝干上的细菌也可采用物理机械或化学法进行重刮皮，铲除所带病菌，达到预防目的。

(4) 喷药保护。大树可在发芽前喷机油乳剂（蚧螨灵）：福美胂：水=2:1:100可铲除干腐病越冬菌。可用消毒剂涂刷树干，消灭树干上残留病菌，常用的消毒剂有：用40%福美胂可湿性粉剂600倍液；5波美度石硫合剂；70%甲基托布津100倍液；40%福美胂可湿性粉剂50倍液。5月至6月，树干再喷1：2：240倍式波尔多液2次。也可在4月中旬至5月中旬喷2次40%福美胂可湿性粉剂600倍液或果树康，均有一定防效。

(5) 幼树保护。幼树定植时，采用深挖坑浅栽苗，苗木定植避免深栽，以嫁接口与地面相平为宜，并充分灌水，以缩短缓苗期。对芽接苗在发芽前15～20天，及时剪除砧木的枯桩，伤口用1%硫酸铜水溶液消毒，用铅油保护，以减少病菌的侵染机会。

四、苹果枝枯病

1. 为害状

危害苹果大树上衰弱的枝梢。多在结果枝或衰弱的延长枝前端形成褐色不规则凹陷斑，病斑上散生小黑点，即病菌的分生孢子器。发病后期病部树皮脱落，木质部外露，严重的枝条枯死。

危害定植初期的幼树，多在地面10～30厘米处发病。初期病斑呈椭圆形，暗褐色，扩大后呈黑褐色，有的病斑上有不规则的轮纹。病斑下皮层呈红褐色干腐，木质部表皮呈褐色。后期病斑下陷，上生有黑色小点，潮湿时溢出黄褐色丝状孢子角。病斑环茎一周时，幼树死亡。

苹果枝枯病

2．病原

*Nectria cinnabarina(Tode)Fr.*称朱红丛赤壳菌，属子囊菌亚门真菌。无性世代为*Tubercularia vulgaris Tode*称干癌瘤座霉。

3．发病规律

病菌多以菌丝或分生孢子器在病部越冬，翌年降雨或天气潮湿时，分生孢子溢出，借风雨传播蔓延，病菌属弱寄生菌，只有在枝条十分衰弱且有伤口时，才能侵入，引致枝枯。

4．防治方法

(1) 夏季清除并销毁病枝，以减少苹果园内侵染源。

(2) 修剪时留桩宜短，清除全部死枝。

(3) 药剂防治法参见苹果干腐病。

五、苹果枝溃疡病

苹果树枝溃疡病又称芽腐病、梭斑病。主要为害枝条，以2～3年枝条受害重。

1．为害状

初生红褐色的圆形小斑点，渐扩大，中央凹陷，边缘隆起，呈梭形。病斑产生裂缝，空气潮湿时，裂缝四周产生白色霉状物，即病菌分生孢子座。后期，病疤上坏死皮层脱落，木质部裸露，四周产生隆起的愈伤组织。翌春，病斑继续扩展，被害枝干易于折断。

苹果枝溃疡病

2. 病原

Nectria galligena Bres.称仁果干癌丛赤壳菌，属子囊菌亚门真菌；无性世代*Cylindrosporium mali*称仁果干癌柱孢霉，属半知菌亚门真菌。

3. 发病规律

以菌丝体在病组织中越冬，翌春产生分生孢子，借风雨或昆虫传播，从各种伤口侵入为害。在侵染循环中小孢子不起作用。秋季和初冬落叶前后是主要侵染时期，此病常伴随锈病大流行发生。因锈病病斑为该菌的侵染提供了伤口，且两病的发生流行条件大体相同。

发病的主要条件为：

该病的发生与果园地势、管理水平及品种有关。

低洼潮湿、土壤黏重、排水不良发病重；偏施氮肥，树体生长过旺发病重。

苹果各品种间感病性存在差异。大国光、小国光、金冠最易感病，祝光、倭锦、印度、柳玉、甘露较抗病，青香蕉、红玉、元帅、鸡冠等抗病。

4. 防治方法

(1) 加强栽培管理，以增强树势。低洼积水地注意排水，不偏施氮肥，合理修剪增强树势，提高树体抗病力。

(2) 药剂防治，下列药剂有较好的防治效果：①果树发芽前全树喷1次5波美度石硫合剂，或在石硫合剂中加入2%五氯酚钠盐。②于6月上中旬及8月中旬各喷1次200～240倍式波尔多液。③40%福美胂可湿性粉剂500倍，在发芽前喷1次。④70%甲基托布津可湿性粉剂800倍，于发芽前树体及枝干喷布。

六、苹果炭疽病

苹果炭疽病又称晚腐病。主要为害果实，也可为害枝干或果台等。在我国各苹果产区均有分布，对苹果的生产有较大的危害。

1. 为害状

果实染病，在生长季中均可发生，7月至8月为盛发期，近成熟的果实受害最重。初在果面出现针头大小的淡褐色圆形小斑，边缘清晰。病斑渐扩大。呈漏斗状深入果肉，果向变褐腐烂，具苦味，最后表皮下陷，当病斑直径扩大到1～2厘米时，病斑中心长出大量轮纹状排列、隆起的黑色小粒点，即病菌分生孢子盘。病果上的病斑数量不等。从数个到数十个，但只有少数病斑扩大。其余的停留在1～2毫米大小。病斑一般呈暗褐色稍凹陷斑。病斑可融合。最后全果腐烂，果实一般会脱落，也有的形成僵果留于树上。成为翌年初侵染的主要来源。

枝条染病，多发生于老弱枝、病虫枝及枯死枝。初在表皮形成深褐色，不规则形病斑，逐渐扩大。后病部溃烂，病部下陷，病部边缘有稍隆起的愈伤组织，皮多开裂，木质部外露，有时有树胶流出。病斑表面也产生黑色小粒点。严重时病部以上枝条全部枯死。

果台染病，病部自顶部开始向下蔓延，呈深褐色，严重者副梢不能抽出，果台干枯死亡。

苹果炭疽病危害状

苹果炭疽病病斑

果实采收后，在包装、运输及贮藏过程中，如温湿度条件适宜，带菌果实陆续发病，造成果实大量腐烂。

2. 病原

Glomerella cmgulata(Stonem.) Spauld. et Schrenk，属子囊菌亚门、球壳菌目、小丛壳属。无性世代 *Goetotrichum fructingenum Berk*.属半知菌亚门真菌，黑盘孢目、盘圆孢属。炭疽菌属无刚毛型。

3. 发病规律

该菌具潜伏侵染特性，在生长期染病后大多在成熟时发病。有的在贮藏期发病，但贮藏期不传染。

病菌以菌丝体在病果、干枝、果台、僵果及潜皮蛾为害的枝条上越冬。翌年 5 月若条件适宜，则产生分生孢子，借风、雨水、昆虫传播，分生孢子萌发后产生芽管，芽管的前端产生形成附着器，再长出菌丝直接穿过表皮或通过皮孔、伤口侵入果实。分生孢子萌发到侵入果实一般需要 5～10 小时即完成侵染。菌丝在果实的细胞间生长，分泌果胶酶，破坏细胞组织，引起果实的腐烂。凡是已经侵染的果实，在贮藏期间侵染点继续扩大成病斑而腐烂，但贮藏期发病的病菌一般不再传染。

发病的主要条件为：

病害发生流行时，一般先在园内形成中心发病株，后逐渐向周围蔓延；受害株多以越冬病菌为中心出现病果。向下呈伞状扩展蔓延。有分片集中现象，一般树冠内膛较外部病果多，中部较上部多。以后陆续发病的果实，都可以成为新的侵染中心。

1年内分生孢子反复侵染多次，有时直至采收。病菌在采收前侵入果实，潜育期40～50天，发病期在果实成熟季节。北方苹果产区，座果初期为侵染始期。果实生长前期为它主要侵染期，侵染盛期结束后才进入发病期，果实生长后期为发病盛期。

分生孢子萌发温度范围为10～40℃，最适温度28～32℃；菌丝生长温度范围为12～40℃，最适温度28℃。当温度控制在10℃以下，病害停止扩展。贮藏期间若温度高、湿度大，已染病的果实将继续扩展，造成贮藏期果实腐烂。

4. 防治方法

(1) 发病严重地区，栽植抗病品种。

(2) 加强栽培管理，增强树势。增施有机肥，合理修剪，及时中耕锄草，及时排水，降低果园湿度。

(3) 彻底清除病源：结合修剪，去除园内及树体上的病僵果、病果台，剪除干枯枝、病虫枝，刮除病皮，摘除未形成分生孢子盘的初发病果，集中深埋或烧毁。生长期发现病果或当年小僵果及时摘除，以减少侵染源。

(4) 喷铲除剂：果树发芽前喷洒40% 福美胂100倍液、或5%～10% 重柴油乳剂、或五氯酚钠150倍液、二硝基邻甲酚钠200倍液，以铲除树体上宿存的病菌，这是重要的防治措施。

(5) 生长期药剂防治：主要是幼果期防治，根据苹果炭疽病发生早、侵染期长、再侵染频繁的特点，结合病害发生规律，做到及早预防，起到防患于未然。

于落花后半月的幼果期，在病菌开始侵染前，首先喷布1次下列药剂之一：多菌灵—代森锰锌混剂(40% 多菌灵胶悬剂800倍加70% 代森锰锌可湿性粉剂700倍)；多菌灵—退菌特混剂（50% 多菌灵可湿性粉剂加50%退菌特可湿性粉剂1 000倍液)；锌铜石灰液(硫酸锌0.5份、硫酸铜0.5份、生石灰2份，水200份配制而成)。之后分别于落花后每隔半月喷1次下列药剂，下列药剂应交替使用：50% 硫悬浮剂400倍液；80%炭疽福美可湿性粉剂700～800倍液；50% 苯茵灵可湿性粉剂1 500倍液；50%多菌灵可湿性粉剂

1 000倍液加40%三乙膦酸铝可湿性粉剂800倍液；50%多菌灵可湿性粉剂1 000倍液加75%百菌清可湿性粉剂800倍液；36%甲基硫菌灵悬浮剂800倍液加75%百菌清可湿性粉剂800倍液；80%多菌灵可湿性粉剂600倍液；50%混杀硫悬浮剂500倍液；2%抗霉菌素(农抗120)水剂200倍液。

(6) 加强贮藏期管理：入库前剔除病果、注意控制库内温度，特别是贮藏后期温度升高时，应加强检查，及时剔除病果。

七、苹果霉心病

苹果霉心病又称心腐病、霉腐病、红腐病、果腐病。是元帅系品种和以元帅系品种做亲本培育的伏锦、露香等的一种重要果实病害。主要侵染果实，引起果实心腐或早期脱落，果实外观常表现正常，受害严重的幼果常早期脱落。

1. 为害状

该病的显著特征是果心霉变和腐烂。发病初期，果心产生褐色点状或条状坏死点，渐变为褐色斑块，果心充满粉红色霉状物，果肉发黄，病果肉附近味道变苦，果肉腐烂；随着病害的进一步扩展，果肉继续向外腐烂，最后全果腐烂。其特征可分为：

整果腐烂型：多发在生长前期，病果从心室向果面扩展，有时果中心变空，整个病果干缩，心室中霉菌橘红色。

心室腐烂型：在生长后期较多，病部多局限于果心，少数扩展到果内部分，果心部位长有灰褐色至褐色霉层。病果一般尚有食用价值。

局部病斑型：多发生在贮藏期，病部只在心室，呈褐色、淡褐色，有时夹杂青色或墨绿色，湿润状。严重时，胴部出现褐色水渍状、不规则病斑，斑块彼此相连成片，最后全果腐烂，病果味苦。

小病斑型：病部呈不连续条状，淡褐色小斑，局限在心室、萼筒位置，不向外扩展。一般表现在生长季，树上的病果偶有果面变黄、果形不正或提早着色、提前落果的现象，一般症状不明显，不易发现，受害严重的果实多为畸形果，从果梗至萼洼烂通。

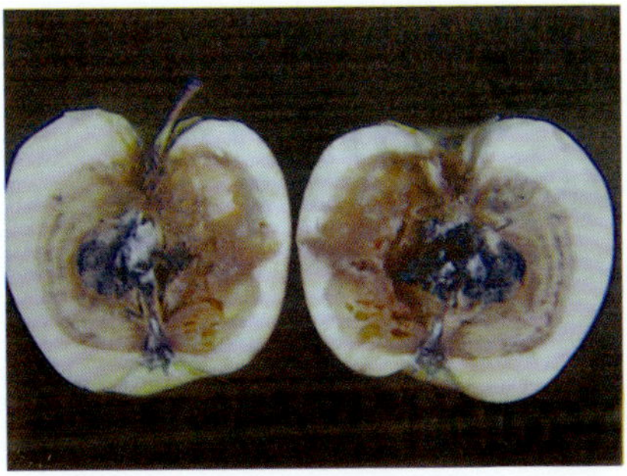

苹果霉心病

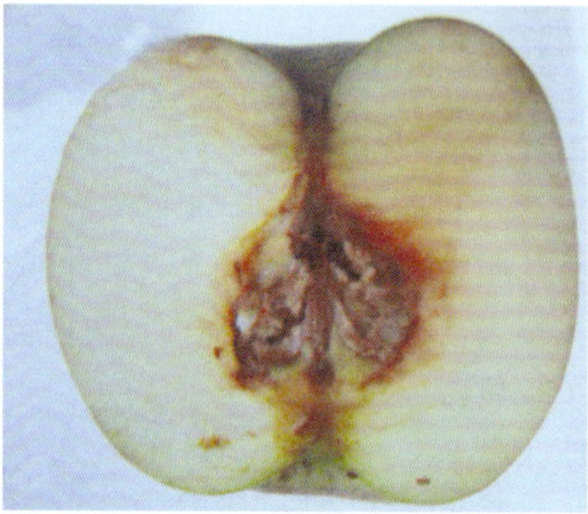

苹果霉心病

2. 病原

由多种弱寄生菌混合侵染苹果心室引起。主要有产生黑色菌丝体的链格孢菌 *Alternaria alternata* (Fr.) Keissl.产生红色或粉红色霉层的粉红单端孢菌 *Trichothecium roseum* Bull. Link，产生灰色菌丝体的头孢霉菌 *Cephalosporium* sp.、串球镰孢菌 *Fusarium nonliforme* Sheld、青霉 *Penicillium* sp.和拟青霉 *Paecilomyces* sp.，均属半知菌亚门真菌。一般在生长期以链孢属真菌占优势，而镰刀菌很少。在交链孢属中主要的种为 *A. alternata*。而在贮藏后期金冠果实中常以粉红单端孢菌为主。

3. 发病规律

以菌丝体在病僵果或坏死组织内或以孢子潜藏于芽的鳞片、病枝、落叶间越冬。翌春产生各种类型的孢子，借风雨传播，病菌自花期开始至果实生长期都可传播侵染，其中以花期侵染率最高。病菌孢子从萼筒进入心室，后孢子潜伏于果心内，随果实的发育，霉菌开始增殖，6月可见病果脱落，但以果实生长后期居多。有些病果到贮藏期才表现症状，引起霉烂。

该病的发生与气候、品种密切相关。降雨早、降雨多、气候潮湿、果园地势低洼、郁闭、通风不良利于发病。苹果各品种间，凡果实萼口大，萼筒长与果心相连的易染病；萼口小、萼筒短的则较抗病。

4. 防治方法

(1) 发病严重果园，选栽抗病品种。

(2) 加强栽培管理，合理修剪，保持树冠通风透光，注意排涝，合理增施有机肥。

(3) 清除初侵染源。秋末冬初清除病果、僵果和病枝，扫除落叶，集中烧毁。或喷洒3～5波美度石硫合剂加0.3%五氯酚钠，以减少树体带菌。

(4) 加强贮藏期管理：采收前1个月喷洒比久2000mg/kg，采后控制窖中温、湿度，最适温度为1～2℃。发展简易气调贮藏或冷藏。

(5) 药剂防治：苹果斑点落叶病病原也是该病菌源之一，所以结合两病兼防；可于花前、花后及幼果期每隔半月喷1次护果药，防止霉菌侵入，药剂可选用1∶2∶200倍式波尔多液或50%扑海因可湿性粉剂1 500倍液、70%甲基硫菌灵超微可湿性粉剂1 000倍液、50%多霉灵(万霉灵)可湿性粉剂1 500倍液、50%苯菌灵可湿性粉剂1 500倍液、5%菌毒清水剂500倍液、70%代森锰锌可湿性粉剂400～600倍液、10%多氧霉素可湿性粉剂1 000～1 500倍液、15%三唑酮可湿性粉剂1 000倍液。若将杀菌剂与保湿剂(纤维素、长风3号)混合喷洒，效果更好。

(6) 果实套袋，套袋前先喷1次1∶2∶200倍式波尔多液。幼果形成即套袋，纸袋最好涂以苏子油，以避免因风吹、雨淋、日晒而破裂；红色品种应于采前1周撕掉纸袋，以利果实着色。

(7) 加强贮藏期管理，管温控制在0.5～1℃，相对湿度90%左右可防止该病扩展与蔓延。

八、苹果疫腐病

症状苹果疫腐病又称颈腐病、实腐病。主要为害果实、枝的根颈部及叶片。在多雨的年份，该病害可造成大量果实腐烂。

1．为害状

果实染病后，果面形成不规则，深浅不匀的暗红色褐斑，边缘不清晰，呈水渍状，果皮与果肉分离，外表似白蜡状。果肉褐变或腐烂，并沿导管延伸到果柄。湿度大时病部生有白色绵毛状菌丝体，病果初呈皮球状，有弹性，的失水干缩或脱落。

苗木或成树根颈部染病后，皮层出现暗褐色腐烂，多不规则，严重的烂至木质部，致病部以上枝条发育变绿，叶色淡，叶小，秋后叶片提前变红紫色，落叶早，当病斑绕树干一周时，全树叶片凋萎或干枯。

叶片染病后，病斑多出现在叶缘或中部，初期呈水渍状，后形成灰色或暗褐色不规则形病斑，湿度大时，可迅速扩大到全叶，导致全叶腐烂。

2．病原

Phytophthora cactorum (Leb. et Cohn.) Schrot.称恶疫霉，属鞭毛菌亚门真菌。无性阶段形成卵孢子。

3．发病规律

病菌发育的温度范围为10～32℃，其最适温为25℃，在35℃下长时间则失去活力。游动孢子囊发芽温度范围为5～15℃，以10℃最适。

病菌主要以卵孢子、厚垣孢子及菌丝随病组织在土壤中越冬，翌

苹果疫腐病危害树干

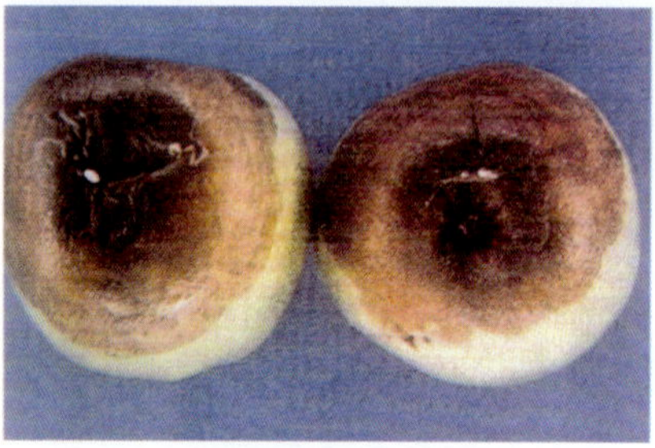

苹果疫腐病危害果实

年遇有降雨或灌溉时，形成游动孢子囊，产生游动孢子，随雨滴或流水传播蔓延，每次降雨后都会出现1次侵染和发病高峰。果实在整个生育期均可染病，因此，雨多、降雨量大的年份发病早且重。尤以距地面1.5米的树冠下层及近地面果实先发病，且病果率较高。

地势低洼或积水、四周杂草丛生，树冠下垂枝多、局部潮湿的果园发病重。当果园中有积水，苹果树根颈处有伤口，如虫伤、机械伤、冻伤等，病菌即可侵染发病，造成根颈处腐烂。

4. 防治方法

(1) 选栽抗病品种。

(2) 加强栽培管理，增施有机肥，尤其是增施硅肥，一方面可抑制病害的发生，另一方面对病害有治疗作用。起到增强树势，减轻发病的作用。

(3) 及时疏除过密枝条、下垂枝，改善通风透光条件。当结果量大时，要及时疏果，生长季随时摘除病果及病叶，集中深埋或烧毁。

(4) 树冠下覆盖地膜或覆草，可防止土壤中的病菌溅射到果实上，发病重的苹果园不要与菜间作，以减少发病条件。

(5) 及时刮治病疤，对根颈部发病的，要在春季扒土晾晒病部，后刮除病组织，涂沫843康复剂或90%三乙膦酸铝可湿性粉剂300倍液，或10波美度石灰硫磺合剂，再把草木灰拌入土中混匀填平。对刮除的病皮要带出果园处理。桥接病疤：当病斑较大时，可采用桥接法进行补救。

(6) 把装有粗制硫酸铜的麻袋或编织袋，放在灌水渠上游，随水灌溉，能有效地防治该病发生。

(7) 发病重的果园，可于落花后喷64%杀毒矾可湿性粉剂500倍液或58%甲霜灵·锰锌可湿性粉剂1 000倍液、90%三乙膦酸铝可湿性粉剂600倍液、1∶2∶200倍式波尔多液，可保护树冠下部的叶和果实。必要时还可用40%霜疫灵（三乙膦酸铝）可湿性粉剂200倍液或25%甲霜灵（瑞毒霉）可湿性粉剂800倍液灌根，防效明显提高。

九、苹果黑星病

苹果黑星病又称疮痂病。主要为害叶片或果实，还可为害叶柄、果柄、花芽、花器及新梢。从落花期到苹果成熟期均可为害。

1. 为害状

叶片染病后，初现黄绿色圆形或放射状病斑，后变为褐色至黑色，直径3～6毫米；上生一层黑褐色绒毛状霉，即病菌分生孢子梗及分生孢子。发病后期，多数病斑连在一起，致叶片扭曲变畸。嫩叶染病，表现呈粗糙羽毛状，中间产生黑霉或病斑，周围健全组织变厚，致病斑上凸，背面形成环状凹入。受害严重时叶变小，变厚，呈卷缩或扭曲状。叶柄上的病斑呈黑色长条状。

果实染病后，初生淡绿色斑点，圆形或椭圆形，渐变褐色至黑色，表面也产生黑色绒状霉层，病斑逐渐凹陷，硬化，常发生星状开裂，后期病斑上长腐生菌即土粉色的粉霉菌*Tricho the roseum Zink et Fr.*和浅粉色的镰刀菌*Fusarium spp.*。幼果染病常致畸形。

嫩梢染病后，形成黑褐色长圆形病斑，凹陷，在高感品种上，有时形成泡肿状。花器染病，花瓣褪色，萼片尖端病斑呈灰色，花梗变黑色，形成环切时造成花和幼果脱落。

2. 病原

Venturia inaequalis(Cooke) Winter。称苹果黑星菌，属子囊菌亚门真菌；无性世代：*Fusicladium dendriticum(Wallr.) Fuckel*。称树

苹果黑星病侵染叶片

苹果黑星病侵染叶片

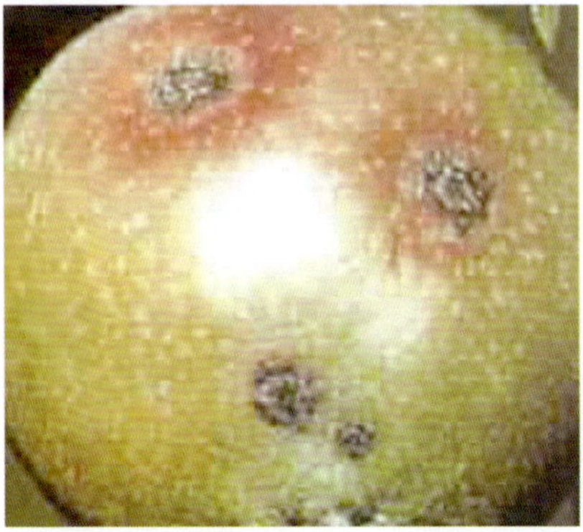

苹果黑星病侵染果实

苹果黑星病侵染状

状黑星孢，属半知菌亚门真菌。也有报道其无性世代为*Spilocaea pomi Fr.*，属半知菌亚门真菌。苹果黑星菌的子囊壳大多在秋冬形成。在培养基上，20℃和pH4.5～5.8时生长最适。

3．发病规律

病菌主要以菌丝体在病枝和芽鳞内或以假囊壳在病叶上越冬，翌年5月至8月释放子囊孢子，以7月释放量最多，借风雨传播进行初侵染，潜育期9～14天。叶片和果实染病15天左右即产生孢子，并可产生若干代进行再侵染，一直持续到当年秋季。9月末病害停止扩展。

该病的发生与气候、品种有关，早春多雨发病较早；夏季阴雨连绵，病害流行快。子囊壳发育适温13℃，子囊孢子成熟适温20℃；10℃以下，24℃以上，子囊孢子成熟延迟。子囊孢子的释放多在雨后，有水滴或雨量大于0.3毫米的条件下。分生孢子必须在有雨水的条件下才能脱落和传播。分生孢子萌发适温22℃，子囊孢子萌发适温为15～21℃、分生孢子侵染温度8～10℃；子囊孢子则为19℃。子囊孢子侵染的潜育期19℃时为9～14天，分生孢子为8～10天。苹果各品种间感病性存在一定差异。小苹果中黄太平易染病，黄海棠、花红及三叶海棠、河南海棠抗病，多在海棠高度抗病。大苹果中国光、富士易染病，印度、祝光、金帅、红星、黄魁较抗病。

4．防治方法

(1) 发病严生果园选栽抗病品种。

(2) 加强植物检疫：严格执行检疫制度，谨防带病苗木、接穗和果实从病区传入无病区。

(3) 清除初侵染源：秋末冬初彻底清除落叶、病果，集中烧毁或深埋，或在地面喷洒0.5%二硝基邻甲酚钠或4∶4∶100倍式波尔多液，以杀死病叶内的子囊孢子。

(4) 喷药保护：喷药时期最为关键。早熟品种（如黄太平）于5月中旬开花期开始喷洒1∶2～3∶160倍式波尔多液；以后隔10～15天1次，共喷5次。也可用77%可杀得可湿性微粒粉剂500倍液或70%代森锰锌可湿性粉剂500倍液、50%苯菌灵可湿性粉剂1 500倍液、70%甲基硫菌灵超微可湿性粉剂1000倍液、64%杀毒矾可湿性粉剂400～600倍液、50%混杀硫悬浮剂500倍液、50%多菌灵可湿性粉剂800倍液。

十、苹果蝇粪病与煤污病

1. 为害状

两病均发生在苹果果皮外部，影响果实外观，降低食用和经济价值。

苹果蝇粪病又称污点病，在果面形成由十数个或数十个小黑点组成的斑块，黑点光亮而稍隆起，小黑点之间由无色菌丝沟通，形似蝇粪便，易于用手擦去，但不易自行脱落。

苹果煤污病在果面产生棕褐色或深褐色污斑，边缘不明显，似煤斑，菌丝层很薄用手易擦去，常沿雨水下流方向发病，农民称之为“水锈”。

苹果蝇粪病和煤污病常混合发生，症状复杂，不易区分。但常见症状为：果皮表生黑色菌丝，上生小黑点，即病菌分生孢子器或菌核；小黑点组成大小不等的圆形病斑，病斑处果粉消失。必要时可通过镜检病原菌进行区别。

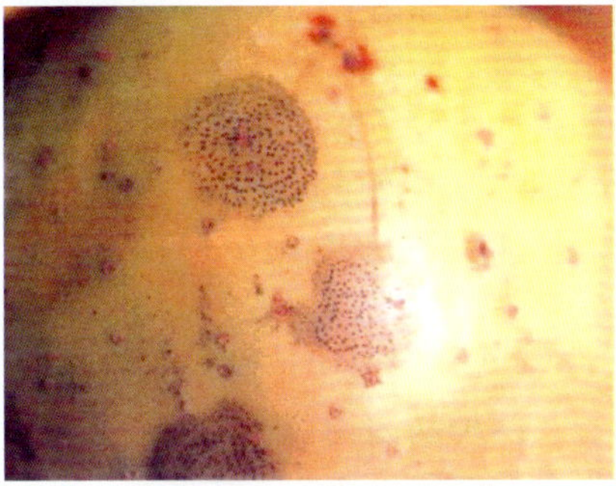

苹果蝇粪病与煤污病

苹果蝇粪病与煤污病（红色品种）

2．病原

(1) 蝇粪病*Leptothyrium pomi (Mont. et Fr.) Sacc.* 称仁果蝇污菌，属半知菌亚门腔孢纲球壳孢目。果面上的小黑点为其分生孢子器。分生孢子器半球形、圆形或椭圆形，小而黑色发亮，器壁组成细胞略呈放射状。未见形成真正的分生孢子。

(2) 煤污病 *Gloeodes pomi－gena (Schw.) Colby* 称仁果黏壳孢，属半知菌亚门真菌。菌丝几乎全表生，形成薄膜、上生黑点，即病菌分生孢子器，有时菌丝细胞可分裂成厚垣孢子状；分生孢子器半球形。两菌生长温限6～29℃，适温26℃，pH5～13能生长，最适pH9。

3．发病规律

两种病菌均可寄生于苹果芽、果台及枝条上越冬。翌春末，蝇粪病菌在菌丛里形成分生孢子器，产生分生孢子，借雨水传播，侵染为害。煤污病菌则以菌丝和孢子借风雨、昆虫传播，进行侵染。从6月上旬到9月下旬均可发病，集中侵染期7月初到8月中旬。高温多雨利于病菌繁殖，对果面进行多次再侵染。北京地区一般在7月中旬到8月中旬，病菌在果面上迅速繁殖，病斑扩展迅速。黄河故道果园发病早，为害时间长。修剪不当、低洼积水、树冠过密、管理粗放的果园半月之内可使果面污黑。

4．防治方法

(1) 加强栽培管理。果园要开沟排涝，合理修剪，增强通透性，降低果园湿度，清除园内杂草。

(2) 药剂防治：一般果园可结合炭疽病、褐斑病、轮纹病等一起防治。在降雨量多、雨露日多，通风不良的山沟果园应防治3～5次。可用下列药剂防治：1∶2∶200倍式波尔多液；77%可杀得可湿性微粒粉剂500倍液；60%琥·乙膦铝(DTM)可湿性粉剂500倍液；75%百菌清可湿性粉剂800～900倍液；70%甲基硫菌灵超微可湿性粉剂1 000倍液；50%农利灵(乙烯菌核利)可湿性粉剂1 200倍液；50%苯菌灵可湿性粉剂1 500倍液。

十一、苹果白粉病

主要为害幼苗或苹果树的嫩梢、叶片，也可为害芽、花及幼果。

1．为害状

嫩梢染病，生长受抑制，节间缩短，其上着生的叶片变得狭长或不开张，变硬变脆，叶缘上卷，初期表面被覆白色粉状物，后期逐渐变为褐色，并在叶背的叶脉、支脉、叶柄及新梢上产生成堆的小黑点，即病菌闭囊壳。严重的整个枝梢枯死。

叶片染病后，叶背初现稀疏白

粉，即病原菌菌丝、分季孢子梗和分生孢子。新叶略呈紫色，皱缩畸形。后期白色粉层逐渐蔓延到叶正反两面，叶正面色泽浓淡不均，叶背产生白粉状漏斑，病叶变得狭长，边缘呈波状皱缩或叶片凹凸不平；严重时，病叶自叶尖或叶缘逐渐变褐，最后全叶干枯脱落。芽受害，呈灰褐色或暗褐色，瘦长尖细，鳞片松散，上部不能合拢而成刷状，表面茸毛少，严重受害的干枯死亡。春季病芽萌动后，生长迟缓，不易展开。

花芽受害后，轻者花瓣变为淡绿色，变细变长，萼片、花梗畸形；雌雄芯丧失授粉或受精能力，最后干枯死亡；严重的花蕾萎缩枯死。

幼果受害后，多发生在萼的附近，萼洼处产生白色粉斑，病部变硬，果实长大后白粉脱落，形成网状锈斑。变硬的组织后期形成裂口或裂纹。果梗受害，幼果萎缩早落，一般果实受害较少。

苹果白粉病侵染新梢状

苹果白粉病侵染新梢状

2. 病原

Podosphaera leucotricha (Ell. et Ev.) Salm.称白叉丝单囊壳，属子囊菌亚门真菌。无性世代为 *Oidium sp*。属半知菌亚门真菌。

3. 发病规律

以菌丝在芽的鳞片间或鳞片内越冬或越夏，翌春随芽的萌动，病菌开始繁殖蔓延并产生分生孢子，以菌丝或分生孢子侵染嫩芽、嫩叶或幼果。分生孢子随风传播。顶芽、秋梢、短果枝带菌率高，发病率也高；由上往下第四芽以下的芽很少带菌，基本不发病。

病菌的分生孢子再侵染频率高。4月至9月为病菌侵染期，5月至6月为侵染盛期，气候较冷地区稍推迟，7月至8月略停顿，秋后再侵染秋梢。分生孢子萌发适温21℃；湿度达70%以上有利于孢子繁殖和传播，高于25℃即有阻碍作用。一般气温19～22℃，相对湿度100%的条件下，分季孢子1～2天即可完成侵染，分季孢子不能越冬和越夏，1℃以下、33℃以上失活；在干燥条件下，分生孢子只能存活2小时。子囊壳不能越冬。

一般情况，春季温暖干旱、夏季多雨凉爽、秋季晴朗有利于该病的发生和流行，连续下雨会抑制白粉病的发生。白粉病菌是专一性强的严格寄生菌。果园偏施氮肥或钾肥不足、种植过密、土壤黏重、积水过多发病重。果树修剪方式直接与越冬菌源即带菌芽的数量有关。轻剪有利于越冬菌源的保留和积累。不同苹果品种间感性存在较大差异：秦冠、青香蕉、金冠、元帅、甘露、富丽较抗病；花红类、倭锦、红玉、红星、国光、印度、柳玉等高度感病。

4. 防治方法

（1）发病严重果园选用抗病品种，如丰县红富士、金冠、元帅、北海道9号等。

（2）消灭菌源。结合冬剪尽量剪除病梢、病芽；早春复剪，剪掉新发病的枝梢、病芽，集中烧毁或深埋，以减少菌源，防止分生孢子传播。

（3）加强栽培管理。采用配方施肥技术，增施有机肥，避免偏施氮肥，增施磷、钾肥；合理密植，控制灌水。

（4）发芽前喷洒70%可湿性硫磺粉剂150倍液，发芽后发病很轻。春季于发病初期，喷36%甲基硫菌灵悬浮剂500倍液或70%甲基硫菌灵超微可湿性粉剂1 000倍液、50%硫悬浮剂400～500倍液、25%三唑酮可湿性粉剂或20%三唑酮乳油3 000倍液、25%敌力脱乳油4 000倍液、6%乐必耕可湿性粉剂1 000～1 500倍液、30%超微多菌灵可湿性粉剂1 000倍液，10～20天1次，共3～4次。此外也可用25%多菌灵可湿性粉剂或36%甲基硫菌灵悬浮剂4、8、16倍液混加2%平平加作渗透剂，于苹果主干20厘米处涂环6次。将粗皮轻轻刮去5厘米，后涂药。苗圃中幼苗发病初期，可连续喷2～3次0.2～0.3波美度石硫合剂或50%甲基硫菌灵可湿性粉剂800～1 000倍液、45%晶体石硫合剂300倍液。

十二、苹果斑点落叶病

苹果斑点落叶病又称褐纹病。又称为早期落叶病。主要为害叶片，尤其是展叶20天内的幼嫩叶片；还可为害叶柄、一年生枝条和果实。

1. 为害状

叶片染病，初发于5月上旬，初

现直径2～3毫米褐色圆形病斑，后病斑逐渐增多或扩大，形成5～6毫米的红褐色病斑，边缘紫褐色，中央常具一深色小点或同心轮纹。天气潮湿时，病部正反面无长出墨绿色至黑色霉状物，即病菌分生孢子梗和分生孢子。后期灰斑病菌的分生孢子器二次寄生于病斑上，使病斑中央变为灰褐色至灰白色，有的病斑破裂或穿孔。遇高温多雨季节，病斑迅速扩大，呈不整形，病叶部分或大部变褐。发病严重的幼叶由于生长受阻，往往扭曲变形，全叶干枯。夏秋季节，病菌可侵染叶病。

叶柄染病，在徒长枝或一年生枝上产生褐色或灰褐色病斑，芽周变黑，凹陷坏死，直径26毫米，边缘裂开。轻度发病枝条只皮孔裂开。

果实染病，产生黑点型、疮痂型、斑点型和果点褐变型4种，其中斑点型最常见。初期多在幼果果面上产生黑色发亮的小斑点或锈斑；6月中旬至8月上旬被侵染的果实呈褐色瘪病状，直径2～3毫米，有时可达5毫米，并易在病健交界处开裂；近成熟的果实多为褐色病斑。贮藏期病果在低温下病斑扩大或缓慢腐烂，遇高温时，易受二次生菌侵染致果实腐烂。

2. 病原

Alternaria mali Roberts 称轮斑病菌强毒株系，属半敌菌亚门真菌。

苹果斑点落叶病危害叶片状

苹果斑点落叶病危害叶片状

苹果斑点落叶病危害果实状

苹果斑点落叶病危害果实

3. 发病规律

病菌以菌丝在受害叶、枝条或芽鳞中越冬，翌春产生分生孢子，随气流、风雨传播，从皮孔侵入进行初侵染。分生孢子1年有2个活动高峰；第1次高峰从5月上旬至6月中旬，孢子量迅速增加，致春秋梢和叶片大量染病，严重时造成落叶；第2次高峰在9月，此次加重秋梢发病严重度，造成大量浇叶。受叶片上孢子形成在4月下旬至5月上旬，枝条上7月才有大量孢子产生，所以叶片上形成孢子较枝条上早。病害潜育期随温度不同而异，17℃时潜育期6小时，20～26℃小时，28～31℃小时，17～31℃叶处均可发病。

一般在高温多雨时，病害易发生，春季干旱年份，病害始发期推迟；夏季降雨多，发病重。苹果各栽培品种中，红星、红元帅、印度、玫瑰红、青香蕉易感病；富士系、金帅系、乔纳金、鸡冠、祝光病较轻；树势衰弱、通风透光不良、地势低洼、地下水位高、枝细叶嫩等均易发病。

4. 防治方法

(1) 选用抗病品种。如丰县红富士及富士系、元帅系和乔纳金等。

(2) 秋末冬初剪除病枝，清除落叶，集中烧毁，以减少初侵染源。

(3) 加强栽培管理。夏季剪除徒长枝，减少后期侵染源；改善果园通透性，低洼地、水位高的果园注意排水。合理施肥，增强树势，提高抗病力。

(4) 封锁疫区，禁止采集带病接穗和购买带病苗木。

(5) 药剂防治：从发病前（5月中旬左右落花后）开始喷1∶2∶200倍式波尔多液或30%绿得保胶悬剂300～500倍液、50%速克灵可湿性粉剂2 000倍液、36%甲基硫菌灵悬浮剂500～600倍液；生产上可交替使用，隔10～20天1次，共防3～4次。各地应根据发病时期和气候条件确定喷月药次数和时间，云南、贵州、四川4月中旬开始用药，黄河故道5月上旬、6月上旬至7月上旬喷3次药，华北、东北7月上中旬防3～4次即可。

十三、苹果锈病

苹果锈病又称赤星病、羊胡子、羊毛疔、苹桧锈病。主要为害幼叶、叶柄、新梢及幼果等幼嫩绿色组织，还可为害转主寄主桧柏。桧柏是苹果锈病的第一寄主，是锈病越冬的场所。

1．为害状

叶片染病后，初在叶面产生油亮的橘红色小圆点，直径1～2毫米，后病斑逐渐扩大，中央色渐深，外围较浅，中央长出许多黑色小点，即病菌性孢子器，并可形成性孢子及分泌黏液，黏液逐渐干枯，性孢子则变黑；后病部变厚变硬，叶背隆起，长出许多丛生的黄褐色毛状物，即病菌锈孢子器。内含大量褐色粉末状锈孢子，叶柄染病，病部纺锤形橙黄色稍隆起。上面着生孢子器及锈孢子器。

新梢染病后，初与叶柄受害相似，后期病部凹陷，龟裂，易折断。

幼果染病后，多在萼洼附近产生圆形橙黄色斑点，直径约1厘米，后期病斑变为褐色，中央是生性子器，而锈子腔则长在病斑周围。

锈病的病菌只侵染桧柏的小枝，染病后，在小枝一侧环落小枝形成半球形成球形瘿瘤，直径3～5毫米；瘿瘤初平坦，后中心部略隆起，破裂，露出冬孢子角。冬孢子角深褐色，起伏作鸡冠状，遇阴雨连绵则吸水膨大，呈胶质花瓣状。

苹果锈病危害状（叶正面）

苹果锈病危害状（叶背面）

苹果锈病侵染桧柏

苹果锈病危害初期

苹果锈病危害状

2. 病原

Gymnosporangium yamadai Miyabe 称山田胶囊或苹果东方胶锈菌，属担子菌亚门真菌。该菌是转主寄生菌，在苹果、梨树上形成性孢子或锈孢子，在桧柏上形成冬孢子，以后萌发产生担孢子。

3. 发病规律

以菌丝体在桧柏枝上的菌瘿里或桧柏体表的锈孢子上越冬。翌春菌瘿产生冬孢子，萌发后形成担孢子，随风传播，有效传播距离1.5～5公里，落在果树上，孢子萌发后直接从叶片表皮细胞或气孔侵入。侵染后形成性孢子及锈孢子，进行为害。潜育期10～13天。担孢子每年侵染1次，无再侵染。秋季锈孢子成熟后随风传播到针叶型桧柏上，形成菌瘿越冬。

冬孢子发芽适温16～22℃，最高30℃，最低7℃；锈孢子发芽温度5～25℃；适温20℃；担孢子形成的温度为24℃以下。

该病的发生与转主寄主的多少、距离、气候条件及品种有关。在担孢子传播的有效距离内，一般是桧柏多，发病重；在有桧柏存在的条件下，早春多雨、多风，温度17～20℃发病重，反之则轻，苹果各品种中，金冠、国光、红星、青香蕉、白龙、倭锦发病重；而早生旭较抗病。

4. 防治方法

(1) 彻底清除距果园5公里以内的转主寄主——针叶型桧柏，以切断侵染循环。

(2) 控制冬孢子萌发：早春剪除桧柏上的菌瘿并集中烧毁或喷药抑制冬孢子萌发。春雨前在桧柏上喷洒3波美度石硫合剂、或0.3%五氯酚钠、或两药混合后喷洒。秋季也可喷15%氟硅酸（907）乳剂300倍液保护桧柏，防止锈病侵染。

(3) 喷药保护：花前、花后各喷1次50%甲基硫菌灵（甲基托布津）可湿性粉剂600～700倍液或97%故锈钠可湿性粉剂250倍液、20%萎锈灵乳剂300～400倍液、6%氯苯嘧啶醇900～1 000倍液、20%三唑酮（粉锈宁）乳油2 500倍液、50%硫磺悬浮剂200倍液、25%敌力脱乳油3 500～4 000倍液、70%代森锰锌干悬粉1 000倍液，隔10～15天1次，连续防治2～3次。

十四、苹果缺镁症

1. 为害状

枝梢基部成熟叶的叶脉间出现淡绿色斑点，并扩展到叶片边缘，后变为褐色，同时叶卷缩易脱落。新梢及嫩枝比较细长，易弯曲。果实不能正常成熟，果小，着色差。

苹果春季生长初期，发生缺镁的可能性不大。多发生在5月后生长中、后期。易于混淆有症状：缺镁与缺钾症相似，区别在于缺镁是从叶内侧失绿；缺钾则是从叶缘开始失绿。缺镁症发生在中、下部叶，顶部叶失绿则是其他原因。叶螨为害失绿状，与缺镁症在相似，应注意查看叶背是否变色及是否有叶螨。

缺镁症状出现在成熟叶上

严重缺镁，叶片卷缩，叶肉黄化

2. 病原

诊断指标叶片镁含量低于0.15%～0.25%。

3. 发病规律

易发生条件：砂质土及酸性土壤镁易流失，果树易发生缺镁症。钾、氮、磷过多，阻碍了对镁吸收，可引起缺镁症。

4. 防治方法

秋未增施有机肥，可补充镁且减轻镁的流失。

在酸性土壤中，可施用含镁的镁石灰或碳酸镁。在中性土壤中，可施硫酸镁。以增加土壤中的镁含量。

对发病严重的果园，于生长期6月至7月，用2%～3%硫酸镁加入0.5%尿素混合，喷施叶面。可短期内解决树体的缺镁症状。

十五、苹果缺铁症

树体的缺铁症又称为黄叶病，是果树上常发生的一种缺素症。尤其是在盐碱地或钙质土的果区发病严重。

1. 为害状

主要发生在新梢顶端的幼嫩叶上，开始幼嫩叶变黄绿，再变黄白色，而叶脉两侧一直保持绿色，致使叶面呈绿色网纹状失绿。随着病情发展，导致全叶为白色，从叶缘开始出现枯褐色斑，引起落叶。严重时，新梢顶端枯死，呈枯梢现象。

缺铁与缺锰症状相似，可根据叶脉的深浅判断，叶脉深绿则缺锰，其色较浅为缺铁。新生叶不失绿为缺锰，新生叶失绿变黄白色为缺铁。缺锰失绿多从中部叶开始，而缺铁失绿从顶端新叶开始。

严重缺铁，新梢黄化

新梢缺铁，顶端叶黄化

2. 病原

由于树体缺铁造成，当根际土壤pH呈碱性，有可能是缺铁。

3. 发病规律

易发生条件盐碱地和含钙质较多的土壤，易表现缺铁症状。主要是在盐碱地较重的土壤中，可溶性二价铁转化为不可溶性的三价铁，不能被树体利用，因而，表现出缺铁症状。

在生产中，凡是能加重土壤盐碱化程度的措施，均能加重缺铁症的发生。如干旱时地下水蒸发盐分向地表层集中、地下水位高的洼地，盐分随地下水积于地表、土壤质地黏重、排水不良，均会导致地表盐分的增加，加重盐渍化程度，从而加重缺铁症的出现。

在果树生长盛期，遇干旱时，缺铁症严重。地下水位高的低洼池、土壤黏重、排水较差，缺铁症状较重。

山定子作砧木时，缺铁症状较重，而楸子、八棱海棠、新疆野苹果作砧木则较轻。

4．防治方法

改良土壤，释放土壤中被固定的铁元素，是防治黄叶病的根本措施。同时，补充可溶性铁，可以治疗黄叶病的发病树。

(1) 选用抗性强砧木。如选用河北的八棱海棠、新疆野苹果、楸子等做砧木嫁接苹果。

(2) 增施有机肥改良土壤，增加土壤中铁的可利用性。冬季结合深翻改土，每株结果树施入硫酸亚铁0.5千克，掺入畜粪50千克，施入后在沟内灌水。

(3) 改土治碱：增施有机肥，种植绿肥植物等增加土壤有机质的含量，可以改变土壤的理化性质，释放被固定的铁。同时，还可以采取挖沟排水、降低地下水位、掺沙改黏、增加土壤通透性等，均可有效地防止黄叶病的出现。

(4) 萌芽初期喷布0.3%～0.5%的硫酸亚铁溶液。近发芽前，用强力树干注射机向树体注射硫酸亚铁酸化水溶液，pH值调到3.8～4.4。干周40厘米以上的失绿树每株注射硫酸亚铁20～50克，有效期可维持5年以上。

十六、苹果缺钙症

又称为果实苦痘病。

1．为害状

根系：幼根的根尖生长停滞或枯死，在近根尖处生出许多新根。形成粗短且多分校的根群，是缺钙的典型特征。

叶片：新梢生长6～30厘米以上时，顶部幼叶边缘或近中脉处出现淡绿或棕黄色的迟绿斑，经2～3天变成棕褐色或绿褐色焦枯状，有时叶和焦边向下卷曲。此症可逐渐向下部叶片扩展。

果实近成熟期可发生苦痘病，果面上出现圆形、稍凹陷的变色斑(绿色或黄色果面处呈浓绿色，红色果面处呈暗红色)，变色斑直径2～5毫米，在果肉处深约5毫米，海绵状、褐色、味苦。果实上也可发生痘斑病，果面上出现许多以果点为中心，直径1～2毫米并且具紫红色晕的斑点。

本症叶部症状只发生在顶部幼

叶，如果中部叶出现类似症状，则可能是缺乏其他种元素。顶部幼叶萎缩、枯死，有可能是缺硼。但缺硼一般不会突然枯死。在叶片出现症状的同时，根部出现枯死，并形成粗短多分枝的根群。

缺钙，形成苦痘病斑

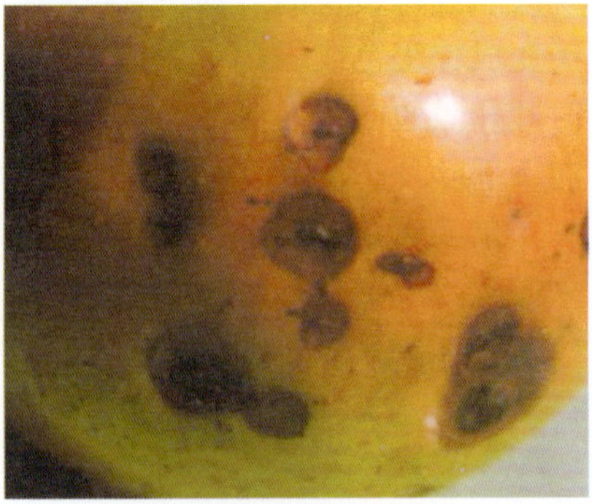

缺钙，形成苦痘病斑

2. 病原

当树体叶片钙含量低于0.5%～0.75%时，则表现为缺钙症状。

3. 发病规律

易发生条件：氮、磷、钾、镁较多时，可明显阻碍对钙的吸收。土壤干燥，土壤溶液浓度大，阻碍对钙的吸收。贮藏时温度高，湿度低，易发生苦痘病。酸性土壤中，钙易流失。

4. 防治方法

(1) 当根系、叶片出现缺钙症状时，可于秋末增施有机肥，增加土壤中可吸收钙。

(2) 在生长季，随时保持适度的水分供应，防止出现土壤过干过湿现象。

(3) 于生长期喷施0.3%～0.5%氯化钙水浸液（红色品种）或0.5%～1.5%硝酸钙水浸液，年喷3次。可有效地防止缺钙症状的发生。

(4) 果实采收后立即预冷，或把果实用0.75%～1%硝酸钙或氯化钙浸果，可有效地防止贮藏期果实的苦痘病的发生。

十七、苹果缺锌症（小叶病）

又称为小叶病。

1. 为害状

缺锌最典型的症状是小叶病，即春季新梢顶端生长一些狭小而硬、叶呈黄绿色的簇生叶，而新梢其他部位较长时间没有叶片生出，或中、下部叶叶尖和叶缘变褐焦枯，从下而上早落，形成光腿现象。也有从顶端下部另发新枝，但仍表现节间短，叶细小。

缺锌树体的花芽量减少，花朵形成的数量少而色淡，不易坐果。

当缺锌严重时，老树根系有腐烂现象，树冠枝条稀疏不能扩展，产量很低。

树体缺锌时，新梢生长点附近的节间短缩，呈“鸡毛掸子”状。

苹果缺锌，形成小叶病

2. 病原

叶片锌含量低于5～10mg/kg时，为缺锌，表现为小叶病。树体正常含锌量为15～80mg/kg。

3. 发病规律

在沙地、盐碱地及瘠薄的山坡地建立果园时，缺锌现象较为普遍；果树重茬建园、或苗圃重茬育苗时易于出现缺锌症状；在树体枝干上伤口多，修剪过重时，易引起缺锌症；在施用肥料时，盲目过多施用磷肥，也会引起缺锌或加重缺锌症状。

4. 防治方法

(1) 秋末增施有机肥，从根本上改善果树生长的土壤条件，增加土壤的通透性。在秋施基肥时，亩增施0.25～2公斤硫酸锌，与有机肥混合均匀后施入。

(2) 在早春，苹果芽露红时，喷布1%硫酸锌溶液；发芽后至生长期，可喷0.2%～0.3%硫酸锌水浸液，且应加入0.2%的熟石灰水浸液，减免药害。

(3) 最新研究表明，花后3星期喷0.2%硫酸锌加0.3%尿素或300×10^{-6}环烷酸锌，对减轻病害有明显的效果，连喷2年，病枝率恢复可达97%，产量增长16%～20%。

十八、苹果粗皮病（锰过剩症）

苹果树粗皮病又称赤疹病。是由于锰元素过剩引起的一种生理性多素症。主要为害枝干和果实。

1. 为害状

一般多发生在5～6年生枝干上，初期在病部产生小粒状病点，扩大后稍隆起，呈轮纹状，有些初生短枝叶上生斑点或皱缩。病树结果多，致树势迅速衰弱。果实染病，果面现粗糙暗褐色木栓区，果面呈长瓣状，木栓化斑有的单个存在，有的呈不完全环状。此外还有伤刺毛型、星状爆裂型、扁平苹果型等。

树干染病后，苹果树在8月中、下旬，新梢上开始出现小突起，逐渐膨胀后变为疹子状。随着枝龄的增长，疹状突起扩大、龟裂、凹陷，表现出特有的粗皮症状。削开病皮，可见到粒状黑点和线状坏死部分，有时深达至木质部。

锰过剩导致粗皮病

2. 病原

吸收锰过多，及土壤过酸引起。当土壤中还原性锰含量超过100mg/kg时，富士品种发生粗皮病。此外，排水不良，土壤酸度大是该病发生的重要生态条件，当土壤pH低于5时，国光、富士、红香蕉等即发生粗皮病。此病多发生在雨水较多的地方。近有报道：苹果果实粗皮病毒病 *Apple rough skin*、苹果鳞皮病毒病 *Platycarpa scaly bark* 分别可引致果实及枝干粗皮病。

3. 发病规律

我国土壤锰的含量一般为42～5 000mg/kg，平均710mg/kg。当土壤的还原性锰含量超过100mg/kg时，就会使富士苹果发生锰过剩症。当前苹果品种中，以元帅系及其杂交品种如富士、国光等发病较重，早生旭、印度等不易发病。不同苹果砧木中，以三叶海棠发病最重，山定子较重，圆叶海棠不易发病。

4. 防治方法

(1) 选择适宜的栽培土壤：建园时要选择疏松、通透性好、中性、氧化还原电位高、还原性锰不超过100mg/kg的土壤种植苹果树。

(2) 增施有机肥、施用石灰改良酸性土壤：在pH值较低的酸性土壤上，可于第1年秋天，每株撒施硫酸钙40～60克，第2年秋天再每株撒施硫酸钙或硫酸镁40～60克。撒后深翻，使其与土壤混合。

(3) 加强果园排水：排水可降低土壤中有效锰的积累量，从而减轻锰过剩症的发生。

(4) 加强施肥：果园种植绿肥作物，增施有机肥料，避免施用生理酸性肥料，控制氮、磷肥的施用量等。

(5) 合理修剪，合理负载，避免

结果过多，形成大小年结果。

(6) 必要时喷1.5%植病灵乳剂1 000倍液，或20%盐酸吗啉胍铜可湿性粉剂4 000倍液，防治病毒引起有粗皮病。

十九、苹果缺硼症（缩果病）

在果实上发生时，称之为缩果病。但在新梢叶片上也能表现出明显地症状。

1. 为害状

主要出现在果实上，严重时也出现在枝梢和叶片上。在新梢上发病时，表现为三种类型：枯枝型，植株最顶端的生长点停止生长发育，生长点附近的叶片萎缩，叶尖或叶缘逐渐枯死，新梢顶部皮层产生坏死斑，逐渐扩大，形成枯梢；帚枝型，树枝下部可长出许多细枝，形成丛枝；簇叶型，枝梢生长停滞，节间很短，在节上生出许多小而厚的叶片，形成簇叶。在花器上表现为花器官发育不良，花粉管生长慢，未授精而早落，表现坐果少。果实上发病，一般在果实生长期，形成畸形果、缩果，果面凹凸不平，果实外部和内部组织木栓化，果实症状可分为干斑型、木栓型、锈斑型：干斑型，落花后半月的幼果开始发病，以每年6月发病较多。初期在幼果背阴面产生圆形红褐色斑点，病部皮下果肉呈水渍状、半透明，病斑一面溢出黄色黏液，后期果肉坏死变为褐色至暗褐色，病斑干缩下陷裂开。发病轻的果实仍可继续生长。呈木栓型，以生长后期的果实发病较多，初期病果果肉呈水渍状、褐色，果肉松软呈海绵状，不久病变组织木栓化。病果表面高低不平，手握有松软感。木栓化部分味苦，不能食用。锈斑型，在易感品种上发病，沿果柄周围果面发生褐色细密横形条纹的锈斑，以后锈斑干裂。果肉无坏死斑，只表现为果肉松软。如国光品种、金冠品种发病重。

2. 病原

诊断指标叶片锌含量在15mg/kg以下为缺锌，而正常值在20～60mg/kg。

3. 发病规律

从发生症状的部位来看，缺硼叶部分枝梢症状是从顶部开始的。苹果瘤蚜为害使叶片卷缩，节间缩短形成枯梢，但叶片是向背面纵卷或筒状的，叶背常可见到蚜虫或黑色霉污状物。缺硼引起的缩果症状与另一种由类病毒为害的锈果病相似。缺硼引起的缩果症可通过施硼能够矫正；而锈果病是通过嫁接终身带毒，不易治愈。

土壤瘠薄的山地丘陵果园、河滩砂地，硼易流失；早春干旱时，易

苹果缺硼形成锈斑状

苹果缺硼时表现锈斑状

生长量，同时，也增加了对硼的需要，从而加剧缺硼的发生。同时，也影响对硼的吸收利用。

4. 防治方法

(1) 加强树体管理，合理施肥，增施有机肥料：结合施基肥，每亩施0.5～2千克硼砂。对瘠薄地深翻，加强水土保持，干旱年份适时灌水。在花期前后，大量施肥灌水，可降低缺硼症状。

(2) 树体补硼：在强碱性土壤上，硼易于被固定，土壤施硼效果不理想，可于在苹果开花前、花期和落花后，各喷1次0.5%的硼砂液。见效快，效果良好，但药效只能维持1年。

(3) 土壤补硼：在秋季落叶后，结合施有机肥，土壤增施硼肥。施用方法是，将硼砂或硼酸与有机肥混合均匀，施放土壤中。其施用量依树体大小而定。

表　树体施用硼砂的标准

树干直径(厘米)	7.5	20～25	30以上
硼砂施用量(克)	50～150	120～210	210～500
注：树干直径是指以离地面30厘米处的树干直径。 如施用硼酸，施用量应减少1/3，根据缺硼情况每3～5年施用1次即可。			

二十、苹果日灼病

苹果日灼病是指由于强烈阳光照射，致使果实、枝干等部位组织坏死，产生的坏死斑。在山地、丘陵地果园发生较重，对苹果的品质影响较大。日灼病是一种生理性病害，在果实、枝干均可发生病。但以向阳面受害重。

1. 为害状

苹果日灼病多发生在枝冠的南面。被害果初呈黄色，绿色或浅白色（红色果），圆形或不定形，后变褐色坏死斑块，有时周围具红色晕或凹陷，果肉木栓化，当果实已全面着色时，“日灼”部分仍呈浅白色。日灼病仅发生在果实皮层，病斑内部果肉不变色，易形成畸形果。“日灼”部分易被腐生菌感染为害。

主干、大枝染病，主要是向阳面裸露的枝干，病斑呈不规则焦糊斑块，发病较轻时，仅存在皮层外表受伤；严重时，皮层全部死亡，乃至形成层、木质部也死亡，小枝受害严重时枯死。病部易遭腐烂病菌侵染，引致腐烂或削弱树势。

苹果日烧病症状

苹果日烧病

2. 病因

夏季强光直接照射果面或树干，致局部蒸发作用加剧，温度升高或灼伤。苹果果实生长过程中（主要是幼果期），如出现光照和温度剧变的气候条件，极易导致果实日灼病。

枝干受害还有另外一种原因，即果树冬季落叶后，树体光秃，白天阳光直射主干或大枝，致向阳面温度升高，细胞解冻，夜晚，气温下降又冻结，造成枝干“灼伤”。

3. 发病规律

由于阳光直接照射，导致局部温度过高所致。

4. 防治方法

(1) 加强果园管理：果园适时浇水，及时防止病虫害，保护枝叶齐全和正常的生长发育，均可起到防止阳光直射的作用，有利于防止“日灼”发生。

(2) 果实套袋：疏果后半月进行。各果园根据病虫害发生程度的不同，因地制宜选用不同果袋，兼防其他病虫害。需要进行着色的果实，采前半个月撤掉果袋。

(3) 树干涂白：利用白色反光原理，降低插向阳面温度，缩小冬季昼夜温差以减轻夏季高温灼伤。涂白时，避免涂白剂滴落在小枝上灼伤嫩芽。涂白剂的配制：生石灰10～12千克、食盐2～2.5千克、豆浆0.5千克、豆油0.2～0.3千克、水36千克。配制时，先将石灰化开，加水成石灰乳，除去渣滓，再将其他原料加入其中，充分搅拌即成。

(4) 夏季修剪时，果实附近适当增加留叶遮盖果实，防止烈日暴晒。在发病严重地区，和易发病地区，可于树冠南面加喷1次石灰水，增加反射光，以减少“日灼”发生。

(5) 合理施用氮肥，防止枝叶徒长，夺取果实中水分。加强灌水及土壤耕作，促根系活动，保证树体水分的需要。同时，密切注意天气变化，如将出现炎热易发生日灼天气，于午前喷洒0.2%～0.3%磷酸二氢钾或清水，有一定预防作用。

二十一、苹果果锈病

苹果果面产生锈斑是苹果生产中一个难题，每年都有不同程度地发生，对苹果的钱观品质造成极大影响，当前苹果品种中，以金冠、秦冠发生果锈较为严重。

1. 为害状

金冠苹果易染此病，这是由于金冠等品种果实的表皮细胞大，细胞壁薄，排列疏松，果面的角质层薄，易于龟裂。同时，皮下细胞也较疏松。当幼果茸毛胶落，蜡质、角质层未形成前，下皮细胞受外界刺激产生木栓层，之后分化许多层木栓化细胞，即形成果锈。

此外，赤阳、红玉、国光及元帅系品种也有发生。初期果面锈迹点点，严重的锈斑连片，果面粗糙，严重影响果品质量，且贮藏期皱皮严重。

苹果果锈病

2. 病因

果锈主要发生在黄色品种上，其中以金冠、胜利等品种最明显，其次为玉霰、葵花、赤阳等品种发病中等；而陆奥、王林等基本无果锈。

金冠等品种发生果锈的敏感期为花后10～40天，最敏感期为花后25天，30天后发生较轻，一般1年中有2次锈发高峰，即第1次为6月中旬，第2次在7月中下旬。

果锈的发生时期与低温、高湿和喷施农药有直接关系，一般地势低洼、土质黏重、树势衰弱、结果过量、施用农药刺激性强，均可诱发果锈的出现。

3．发病规律

该病在黄河故道一带主要有两次发生时期，即5月6日至17日和5月24日至6月4日，因此5月和6月上旬遇冷湿气候果锈发生严重。四川、重庆等地果锈发生主要在落花后25天之内，此间若大气相对湿度高、温底低则果锈发严重。此外，坡地或沙土地果园较平地或黏土地果园发病轻；树势衰弱、花果多者发病重；幼果期用药不当，可导致果锈发生。

4．防治方法

防治应从保护果实外层组织、杜绝不良因子刺激或抑制木栓形成入手。

(1) 栽植无锈金冠新品系4－6－3。

(2) 加强栽培管理：增施有机肥和磷钾肥，春旱时及时灌水，雨季及时排水，增强树势，提高树体对不良环境的适应能力。注意合理修剪，增强通透性，降低湿度；调节负载量，注意疏花疏果，每个果台以留单果为宜。

(3) 喷保护剂如二氧化硅水剂30倍液或京ZB高脂膜40倍液或27%高脂膜乳剂80～100倍液。从花后开始至6月10日，每7天喷1次。

(4) 施用生长调节剂：于落花后10天、20天各喷洒1次25mg/kg的赤霉素。赤霉素对苹果有一定副作用，应掌握好浓度，不宜过量。

(5) 幼果期注意选择用药：不要使用敌敌畏、氧化乐果、三氯杀螨醇、波尔多液、石硫合剂等能加重果锈发生的农药，金冠幼果期尤其要慎用或尽量不用上述药剂。

(6) 果实套袋：花后立即套袋，对果锈有明显抑制作用。进入8月后将袋摘除。

二十二、苹果水心病

苹果水心病又称蜜果病、玻璃果。辽宁、河南、山西、陕西、河北、山东等地发生较多。

1．为害状

病果肉质地较硬呈半透明状。剖开果实、可见病变组织多发生在果心及其附近，有时也发生在果肉的任何部位。病果细胞间隙充满细胞液，呈水渍状。病果组织含酸量较低，并有醇积累，味稍甜略带酒味。在贮存期内，病果组织败坏变为褐色。

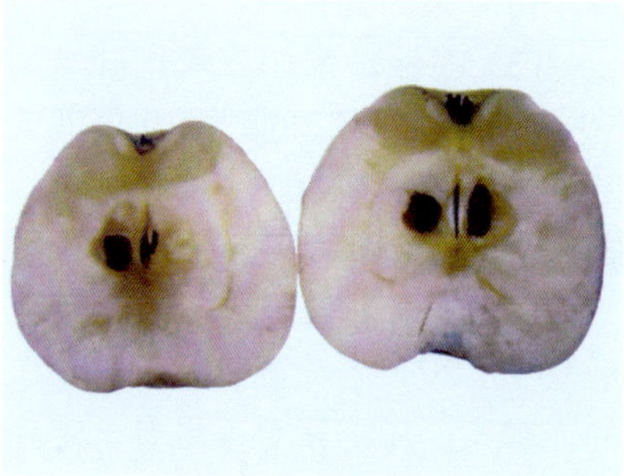

苹果水心病果

苹果水心病

2. 病因

近年来研究结果表明，苹果水心病可能是病果组织中山梨醇的积累，使钙和氮不平衡而引起的生理失调病害。一般树势过弱、叶果比高、钙营养不良、采收时间过晚及直接暴晒在日光下的果实易发病。

3. 防治方法

(1) 增施磷肥或复合肥料可减轻发病。在秋施有机肥时，土施硅钙镁钾肥2.5千克/株，并与有机肥拌均匀一同施入树盘内。

(2) 苹果盛花后3周、5周和采果前10周、8周各喷1次0.5%硝酸钙液、或硅钙镁钾肥500倍液。

(3) 采收前两个月喷布1 000×10^{-6}比久溶液，可降低病果率。

(4) 贮藏前，用40%氯化钙浸果10秒后捞出，晾干后再进行贮藏。

二十三、苹果花叶病

苹果花叶病在我国大部分地区均有发生，是一种发生较普遍的病毒病。染病树1年生枝条较健树短，节数减少，果实不耐贮藏，病树易于提前落叶。

1. 为害状

主要表现在叶片上，因品种和病毒株系的不同以及病情的严重程度分为五种类型。

(1) 斑驳型：从小叶脉上开始发生，产生鲜黄色、大小不等或形状不定的病斑，边缘清晰。病斑常彼此联合成大斑。后期病斑处常枯死。在1年中，这种病斑出现最早，是花叶病中最觉的症状。

(2) 花叶型：病叶上呈现深绿或浅绿相间的不规则型病斑，边缘不清晰，较大，这种类型发生较迟，数量不多。

苹果花叶病

(3) 条斑网纹型：病叶沿叶脉失绿黄化，并延至附近叶肉组织，有时仅主脉乃支脉黄化，变色部分较宽，有时仅限于叶脉及其附近组织，但较狭窄，成网纹状，称网纹型。幼叶染病，中脉向一侧明显弯曲，致病叶畸形，或在病叶顶部以支脉为界形成V字形的大块黄斑，称条斑型。

苹果花叶病

(4) 环斑型：病叶上产生鲜黄色、圆形或椭圆形斑纹，环状或近环状。环内仍呈绿色。这种类型发生较晚。

(5) 镶边型：病叶边缘黄化，叶缘锯齿状成一窄的变色镶边，病叶其他部分正常，这种症状仅在金冠苹果、青香蕉苹果上发生。

苹果花叶病

在自然条件下，各种症状可以在同一株树上、同一枝条上同时出现。因此，以上5种类型症状常混合发生，使症状复杂化。病重的树上叶片坏死、变色、扭曲、皱缩，有时导致早期落叶。遭受病毒侵染的病株，新梢较健株短，尤以秋梢明显，节数减少，病果不耐贮藏，易遭炭疽病菌侵染。

苹果花叶病

2．病原

苹果花叶病毒由李属坏死环斑病毒苹果株系侵染引起。病毒粒体球形或圆球形，在稳定的提取液中，钝化温度54℃经10分钟。

苹果花叶病毒分为3个株系：一是重型花叶系：主要症状为白色或黄色不规则的斑驳，大型黄白色斑块，沿脉变色及组织坏死等；二是轻型花叶系；主要症状为少数小型黄色斑驳，不形成坏死斑，其他症状很少发生；三是沿脉变色系；除表现重型花叶系的症状外，尚表现白色或黄色坏死斑，其中以沿脉变色明显，使叶片呈黄色网纹状。

3．发病规律

主要通过嫁接和芽接传播，吐丝子也可传毒；另据国外报道苹果蚜 *Aphis pomi* 及苹果木虱 *Psylla mali* 也可传播此病。以病穗和根蘖砧木嫁接后潜育期为3～27个月，苗木上潜育期为32天，芽接后潜育期8个月以上。苹果期染病后，整株带毒，不断增殖，终生为害。但该病毒只寄生活体，在活树体内不断繁殖。

病毒主要靠嫁接传播，无论砧木、接穗带毒，均可形成新的病株。

该病的发生与环境条件、栽培管理和品种密切相关。高温多雨、肥水充足、树势强则发病轻；当气温在10～20℃，光照较强，土壤干旱，树势衰弱时，症状较重。幼树比成株易发病。对植株本身而言，幼叶表现症状，而老叶不发生病斑。染病树逐年衰弱，病树果实不耐贮藏，且易受炭疽病侵染，病树还易引起苹果叶斑病的发生。苹果各品种间感病性有明显差异：白龙、金冠、倭锦等品种最易感病，青香蕉、黄魁、红星、元帅、国光等品种轻度感病，祝光、印度、黄金、红国光、早生旭、大珊瑚、金英等较抗病。

4．防治方法

（1）加强检疫：选用无病接穗和实生砧木，培育无病苗木；或将带毒苗木和接穗置于37℃恒温下培养28～40天，可获得脱毒苗木；或将芽条置于70℃热空气中10分钟，可获得脱毒芽条。也可用种子繁殖砧木。

（2）拔除病苗或集中栽植：认真检查苗圃内苗木，发现病苗及时拔除并集中烧毁；或做标记，集中隔离栽植，以防传播。

(3) 选用抗病品种：如印度、红国光、早生旭等。

(4) 加强栽培管理：增施有机肥，旱天及时灌水，雨季及时排水，增强树势，提高树体抗病力。

(5) 铲除果园附近野生寄主，防治蚜虫及刺吸式口器害虫。

(6) 药剂防治：发病初期喷洒83增抗剂100倍液或1.5%植病灵乳剂1 000倍液、20%盐酸吗啉胍·铜可湿性粉剂（毒克星，原名病毒A）4 000倍液、抗毒剂1号水剂300倍液，隔10～15天1次，连续防治2～3次。

第二章

苹果虫害

一、桃小食心虫

桃小食心虫 *Carposina nipponensis*，属鳞翅目 *Lepidoptera* 果蛀蛾科 *Carposinidae*。又名桃蛀果蛾。简称桃小，俗名猴头、豆沙馅。桃小食心虫分布广泛，是我国“三北”地区的苹果、梨、山楂等果树的主要害虫。在管理粗放的梨园中，虫果率高达50%以上，严重影响果实质量和梨果产量。

1．为害状

初孵化幼虫，从萼洼附近或果实胴部蛀入果内，蛀入孔流出透明的水珠状果胶滴，数日后果胶滴干为白色粉状物，随着果实长大，入果孔愈合一针尖大小的小黑点，周围稍凹陷，呈青绿色。幼虫蛀入后在果内纵横串食或直入果心蛀食。早期为害严重时，使果实变形，表面凹凸不平，俗称猴头果。被害果实渐变黄色，果肉僵硬，又俗称黄病。果实近成熟期被害，一般果形不变，但果内虫道充满大量虫粪，俗称豆沙馅。幼虫老熟后，在果面咬一直径2～3毫米的圆形脱果孔，虫果容易脱落。

桃小食心虫危害果树状

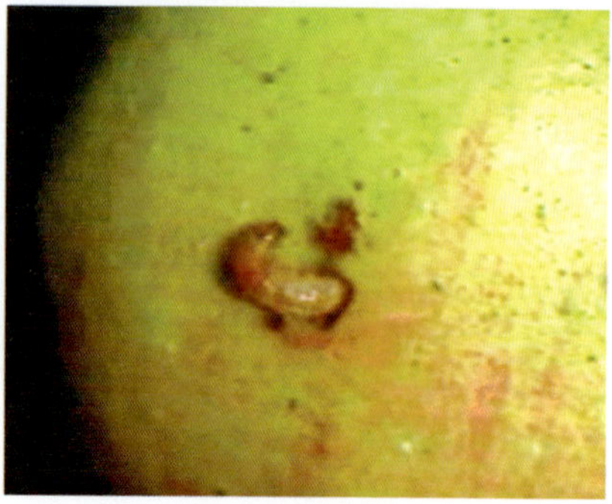

桃小食心虫蛀果状

桃小食心虫蛹

桃小食心虫危害果实状

桃小食心虫幼虫

桃小食心虫成虫

2. 形态特征

成虫：全身淡灰褐色，雌虫体长7～8毫米，翅展16～18毫米，雄虫略小。前翅中央近前缘处有一蓝黑色的近似三角形大斑，后翅灰色。雌蛾触角丝状，下唇须长而直，下唇须长而直，稍后倾。雄蛾触角呈栉齿状，下唇须短而上翘。

卵：红色，近孵化时呈暗红色，竖椭圆形，长0.4～0.41毫米，宽0.31～0.36毫米，顶端环生“Y”形外长物。

幼虫：老熟幼虫体长13～16毫米，桃红色，初孵化幼虫乳白色，头及前胸背板黑褐色，胴部有淡黑色小点，无臀栉。

茧：有两种，越冬茧呈扁圆形，长4.5～6.2毫米，宽3.2～5.2毫米，质地紧密，坚韧结实，夏茧呈纺锤形，长7.8～9.9毫米，宽3.2～5.2毫米，质地疏松，一端有羽化孔，幼虫在其中化蛹。

蛹：黄白色，体长6.5～8.6毫米，体壁光滑无刺。

3. 发生规律

此虫在梨区1年发生1代，以老熟幼虫在土中结冬茧越冬，一般在距树干1米的范围内较多。幼虫最早于6月上旬破茧出土，但数量很少，7月中、下旬大量出土，至8月下旬结束，出土期长达60天左右。越冬纪虫出土的早与晚，集中与分散，与当年降雨情况有密切关系。如果雨水较多，幼虫出土即早又集中，死亡率低，干旱年份，出土较晚又不集中，死亡率高。出土的幼虫在地面、石块、草根下做蛹化茧（夏茧），从夏茧到羽化成虫需要13～18天。此期正是进行地面旋施药防治出土幼虫的良好时机。

成虫于6月下旬开始羽化，7月下旬至8月上中旬为成虫发生盛期，9月中、下旬为羽化末期。田间卵发生期，最早于7月上旬即可见卵，盛期为7月下旬至8月中旬，末期为9月下旬。卵主要产在果实萼洼里，有时也产在果面粗糙处。每头雌蛾产卵平均数十粒至数百多粒，卵期7～8天。幼虫孵化后于萼尘附近蛀入果内，而后纵横串食。在果内为害20～25天。在南果梨、秋白梨品种上，7月下旬即可见到卵，8月上旬开始蛀果，8月中、下旬为蛀果盛期。因此，7月下旬至8月上、中旬，是树上喷药防治的关键时期。老熟幼虫开始脱果，脱果孔附近常积有虫粪，还有部分幼虫仍在果中为害，至采收后，运到果场或果窖中陆续脱果，脱果的幼虫，钻入土中做茧越冬。

4. 防治方法

（1）人工防治：在早春越冬幼虫出土前，将树根颈基部土壤扒开13～16厘米，刮除贴附表皮的越冬茧。于第1代幼虫脱果时，结合压绿肥进行树盘培土压夏茧。果实受害后，及时摘除树上虫果和拾净落地虫果。

（2）地面药剂防治：当越冬幼虫连续出土3～5天，且出土数量度日增时，或利用桃小性诱剂诱到第1代成虫时，向树盘及树冠下的梯田壁喷施药剂，杀死出土越冬幼虫。药剂有：25%对硫磷微胶囊剂或75%辛硫磷乳油、50%地亚农乳油300倍液，每亩用商品药500克。或用上述药剂配制药土（药：水：细土为1：5：30）撒施。施药前应先除去杂草，施药后用锄头轻耙表土，以利提高防治效果。

（3）树上药剂防治：用药液主要消灭虫卵和初孵化的幼虫。当性诱剂诱捕器连续诱到成虫，树上卵果率0.5%～1%时，开始进行树上喷药。药剂有50%对硫磷乳油1 000倍液，对卵和幼虫均有触杀作用，可杀死蛀入果内2～3天的幼虫，但残效期仅1～3天。50%杀螟硫磷乳油1 000倍液，效果较好，但对高粱玉米有药害，使用时应予以注意。2.5%溴氰菊酯2000倍液、10%氯氰菊酯1 000～2 000倍液，20%杀灭菊酯2 000～4 000倍液，杀虫率较高，但此药剂为广谱性杀虫剂，对天敌有杀伤力，故在1年中不宜连续使用2次以上。

苹果小卷叶蛾幼虫

二、苹果小卷叶蛾

苹果小卷叶蛾 *Adoxophyes orana Fisher* 又称棉褐带卷叶蛾、远东卷叶蛾等，是一种既可卷叶为害，又啃食果皮的害虫。该虫的寄主有苹果、海棠、梨、桃、杏、李子和樱桃等，在各果区多有分布。

苹果小卷叶蛾蛹

1. 为害状

幼虫吐丝将多张叶片缠连在一起，在其中为害，卷叶疏松，被害叶上留有孔洞。进入6月后，当叶片与果实相靠，或两果相靠时，除剥食叶片外，也啃食果皮。

苹果小卷叶蛾危害状

2. 形态特性

成虫：体黄褐色，前翅长方形，基斑、中带和端纹明显，中带由中部向后缘分杈，呈“h”形。雄虫具前缘折（前翅肩区向正面折叠）。

卵：单卵为扁圆形，乳黄色；卵

苹果小卷叶蛾成虫

块由30～70粒组成，呈鱼鳞状排列。

幼虫：体翠绿或黄绿色。头明显窄于前胸，大幼虫头黄褐色或黑褐色，在侧单眼区上方偏后具一黑斑；第一对胸足黑褐色，其余呈黄褐色。雄性幼虫在胴部第7、8节背面具1对黄色肾形的性腺。幼虫性情活泼，一遇震动常吐丝下垂。

蛹：体弯曲呈S形，腹部第3～7节背面具两排刺，前排大而稀，后排小而密。腹末具8根短而粗的臀刺。

3. 发生规律

苹果小卷叶蛾在华北地区1年发生3代，以小幼虫在树体上的老翘皮、剪锯口等处做一薄茧越冬。来年春季于苹果的花芽膨大期（候平均温度达7℃以上）开始出蛰，苹果盛花期（候平均温度在12～13℃时）为小幼虫出蛰盛期，此时小幼虫常为害幼芽、花蕾及嫩叶，稍后卷叶为害。幼虫为害时有转叶现象，许多虫苞内无虫。5月下旬，幼虫老熟后在最后转叶中化蛹，化蛹叶常为单叶，呈饺子形。蛹期10天左右。在麦收前（6月上、中旬）越冬代成虫羽化。羽化后的成虫主要在夜晚活动，但白天也可活动。成虫产卵于叶片背面，个别也可产在果面上。卵期9～10天，于麦收后孵化。成虫产卵常与大气湿度密切相关，一般需要70%以上的相对湿度，在空气湿度低于50%时常出现遗腹卵。幼虫孵化后马上吐丝扩散，该代幼虫既可卷叶为害，又可啃食果皮。幼虫取食18～26天后化蛹，蛹期7～8天，7月下旬～8月上旬发生第1代成虫。第2代成虫于8月下旬～9月上旬发生。第3代小幼虫于9月上旬以后发生，取食一个阶段后越冬。

4. 防治方法

苹果小卷叶蛾全年有3次化学防治的关键时期，第1次为春季出蛰率达到20%时，第2次为幼虫转叶化蛹期，第3次为第1代卵孵化率达到70%时。

生物防治措施：苹果小卷叶蛾非常适合利用赤眼蜂进行防治，各代卵期均可。全年以5、6、7月放蜂效果最好，每次发现羽化蛾时开始放蜂，要连续放蜂2～3次，每次放蜂间隔5天，每次放蜂3万～5万头。

化学防治措施：在幼虫和蛹的各防治适期进行防治，可使用25%灭幼脲3号悬浮剂1 500倍液、20%杀蛉脲悬浮剂8 000倍液、20%灭扫利（甲氰菊酯）乳油1 500倍液、2.5%敌杀死（溴氰菊酯）乳油2000倍液、20%速灭杀丁（氰戊菊酯）乳油1500倍液、10%氯氰菊酯（或5%高效氯氰菊酯乳油）1 500倍液。在苹果谢花后7～10天可使用10%吡虫啉4 000倍液，除可杀死卷叶中的幼虫外，还可兼治蚜虫。用24%米满悬浮剂1 500～2 500倍液，花前第1次施药后5天对越冬出蛰幼虫的防治效果为93.75%～95.00%，花后第2次施药后15天防治效果高达94.78%～97.36%；对苹果小卷叶蛾第1代幼虫的防治效果高达93.63%～96.31%。

三、山楂叶螨

山楂叶螨*tetranychus viennensis zacher*，属蛛形纲蜱螨目叶螨科。别名山楂红蜘蛛、大龙虫。在全国分布较广。主要危害叶片，是苹果树生长中期叶片主要害虫之一，6月至8月天旱年份危害严重，叶片被害后，抑制光合作用，造成提早落叶，减少营养积累，不仅影响当年的产量和品质，对下年苹果树生长结果也有较大影响。

1. 为害状

成螨和若、幼螨吸食叶片汁液，叶片受害后，大多先从叶背近叶柄的主脉两侧开始，出现许多黄白色至灰白色失绿小斑点，其上有丝网，严重时扩大连成一片，成为大枯斑，终致全叶呈灰褐色，迅速焦枯脱落。

山楂叶螨

2. 形态特征

成虫：雌成虫椭圆形，分冬螨和夏螨两种，冬螨体长约0.5毫米，宽约0.3毫米，深红色，体背隆起。夏螨较大，体长约0.7毫米，初时鲜红色，渐变为朱红色。

卵：极小，初产时白色透明，孵化前变为橙黄色。

幼虫：幼虫卵圆形，3对足，初孵化乳白色，取食后变为淡绿色。若虫4对足，卵圆形，淡黄色至翠绿色，后期可辨明雄雌。雌螨卵圆形，雄螨体末端尖。

3．发生规律

北方枣区1年发生8～9代，以受精雌虫在树皮裂缝和树干基部附近杂草、土块等处越冬，翌年枣树萌芽时越冬成虫出蜇活动，危害枣芽和嫩叶，展叶后转移到叶背危害并产卵，卵期10天左右，第1代幼虫5月中下旬出现，第2代后世代重叠，6月中下旬麦收后危害逐步严重，7月至8月危害最严重，多雨年份危害则轻。

4．防治方法

(1) 冬春刮树皮，萌芽前喷3～5波美度石硫合剂，消灭越冬螨。

(2) 8月上旬主干绑草把，可诱集叶螨，冬季解下草把烧掉。同时，秋末清洁枣园，消灭部分虫源。

(3) 人工防治：于秋季树干束草诱集成螨越冬，翌春解下烧毁；早春在成螨未出蛰时刮除老翘皮消灭越冬成螨。

(4) 药剂防治：施药关键时期为越冬成螨出蛰盛期和第1代幼螨孵化期。使用药剂有50%硫悬浮剂200倍液、0.5波美度石硫合剂(春季用)。夏季当6月每叶平均活动螨量达4头或7月以后达7～8头时，天敌与害螨之比小于1∶50时喷药。使用药剂有20%双甲脒1 000倍液、5%尼索朗2 000倍液、73%克螨特2 000倍液、10%天王星4 000～1 000倍液等。

(5) 保护和利用天敌：除合理使用农药外，有条件的可饲养草蛉在果园释放。

数量监测方法：越冬雌成螨上芽为害期，在苹果树开花前，以梅花式选定5株树，3天调查1次，在树冠内膛和主枝中段各随机取10个生长芽，计100个芽，统计上芽的越冬雌成螨数；在果树落花后，继续定树、定期5～7天1次，调查叶螨种群数量，每树在内膛、主技中段各选10个叶丛枝中下部叶片1张，5株树计100张叶片。当叶平均活动螨达4～5头／叶时即可喷药防治。进入7月中旬之后，山楂叶螨已扩散到树冠外围，取样部位应移到主枝中段和外围枝上。这时树体的花芽分化基本结束，害螨的种群数量亦进入自然消减阶段，此时的防治指标可放宽至7～8头／叶活动螨。

四、苹果全爪螨

苹果全爪螨*Panonychus ulmi Koch*，又称为苹果红蜘蛛。属蛛菜纲，蜱螨目，叶螨科。主要危害苹果、桃、李、杏、梅、梨等蔷薇科果树，以苹果为害最重。在国内外均有分布。

1．为害状

以成螨在叶片正面活动为害，一般不吐丝结网，当叶片受害后初期呈现失绿小斑点，逐渐全叶失绿，严重时全树叶片苍白或灰白，一般不易落叶。

苹果全爪螨

2．形态特征

雌成螨：体长约0.4毫米，半圆球形，背部隆起。红色至暗红色。背生13对粗长的刚毛，着生在黄白色毛瘤上。雄成螨：体长约0.3毫米，卵圆形，腹部末端尖削。初为橘红色，后变深红色。

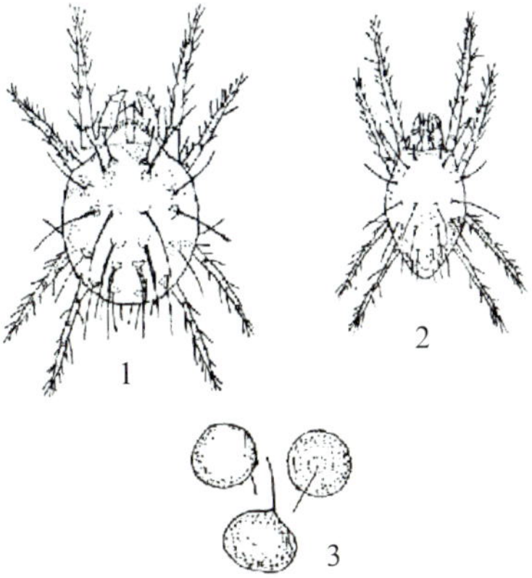

苹果全爪螨示意图

1.雌螨　2.雄螨　3.卵

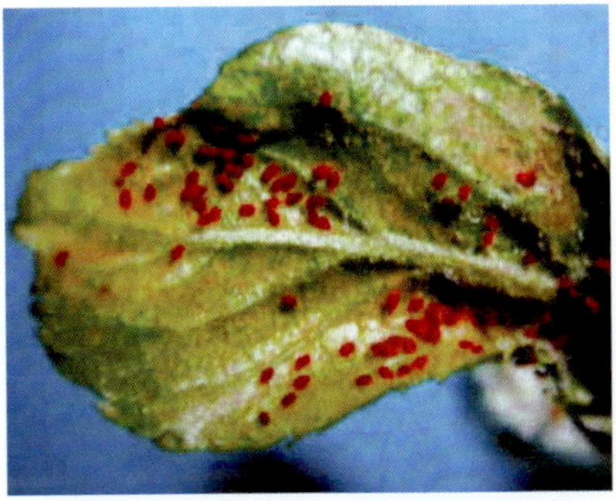

苹果全爪螨危害状

卵：为球形稍扁，夏卵橘红色，冬卵深红色。顶端生1根短毛。

幼螨、若螨：幼螨圆形，橘红色，背部有刚毛、足3对。若螨体形似成螨，可区分雌雄、足4对。

3．发生规律

苹果全爪螨在辽宁、山东、河北各地年发生6～7代。卵在短果枝、果台和小枝皱纹处密集越冬。次年花芽萌发期越冬卵开始孵化、孵化期比较集中，花序分离时是孵化盛期。幼、若螨多集中在叶背为害，落花期是越冬代雌成螨盛期，雌成螨性活泼，常在叶面小枝上爬行。落花后一周第1代卵盛期，卵多产在叶背。5月下旬是卵孵化盛期，此时是一个有利的防治时期。6月上中旬是第1代成螨盛期。以后各代世代交错重叠，不易区分。

苹果全爪螨完成1代需10～14天，春秋季发育慢，夏季发育快。越冬代和第1代产卵量大于其他各代，此时如遇干旱气候有利该螨发生，可迅速造成为害。

苹果全爪螨不适高温，在黄河故道地区只春秋雨季发生较重，越冬卵多，春夏之交能造成一定危害。6、7月高温天气，此后雨季来临，则发生受到抑制。目前该螨仅在部分地区发生。

苹果全爪螨和山楂叶螨都有多种天敌昆虫控制其发生。如六点蓟马、小花蝽、小黑瓢虫、捕食螨和草蛉等。特别是当虫口密度大时，天敌昆虫的食物充足，可迅速繁殖，害螨可很快得到控制。若使用化学农药不当，会引起害螨猖獗发生。

4. 防治方法

(1) 春季防治：越冬卵量大时，果树发芽前喷布95%机油乳剂50倍液杀越冬卵。或果树开花前越冬卵大量孵化时，喷机油乳剂80～100倍液。越冬卵量不大时，可在落花后15～20天，即5月下旬第1代若虫盛期，喷布5%尼索朗乳油2 000倍，20%螨死净胶悬剂2 500～3 000倍，或20%牵牛星水剂2 500～3 000倍液。

(2) 夏季防治：6、7月间第2、3代发生期间，喷布20%双甲脒乳剂1 000～1 500倍，三氯杀螨醇1 000倍液，6月份使用40%水胺硫磷乳油1 500倍液或20%甲氰菊酯(灭扫利)乳油3 000～4 000倍液，兼治桃蛀果蛾。

(3) 无发生区防止传入：苹果全爪螨以卵态在1、2年生枝及苗木上越冬，可随同苗木、接穗传带。目前尚属无发生地区，引入栽培材料时应注意检查。

五、苹果球坚蚧

苹果球坚蚧*eulecanium kuno-oensis kuw.*，又称为日本球坚蚧、桃球坚蚧，俗称“树虱”。属同翅目、蚧科。在国内主要分布于河北、河南、山东、江苏、陕西等省份。主要危害苹果、梨、海棠、桃、李、杏、梅、樱桃、山楂等果树。近年来有严重发生的趋势。由于其自身有蜡质蚧壳的保护，加之以若虫在1～2年生枝条上或叶痕处越冬和危害，防治时期把握不准、用药不当、枝梢不易黏附药剂等因素常常导致效果不理想。

1. 为害状

主要以雌成虫和若虫吸附在枝干上，吸取枝条的树液，造成树体营养不良，树势衰弱。

苹果球坚蚧危害状

2．形态特征

雌成虫：体近半球形，直径4～6毫米，后端直截，棕褐色。肛板上方背中央两侧有两纵行下陷斑点，每行5～6个。

雄虫：介壳表面呈毛毡状，虫体棕红色，体长约2毫米，有前翅一对。

卵：淡橘红色，卵圆形，被白色蜡粉。

若虫：体扁平，淡橘红色或血红色。

3．发生规律

在北方地区1年发生1代，以2龄若虫在枝条上越冬，第2年春季在原被处继续危害，至4月中旬出现成虫，雌虫体背膨大，并逐渐硬化，5月上旬开始产卵，卵在雌成虫体下，一般1头雌成虫可产卵2 000粒以上。在5月中下旬孵化出若虫，刚孵化的若虫沿枝条爬行，到叶背危害，秋末迁回到枝条上越冬。

4．防治方法

苹果球坚蚧最佳防治时期有2次：第1次果树萌发前后若虫活动期（3月中下旬至4月上中旬），越冬的2龄若虫均集中在1～2年生枝条上或叶痕处，开始活动及繁殖危害，虫口集中，且蜡质保护层薄、易破坏，应注意的是：要使用雾化程度高的器械，要混加渗展宝等助剂，增强细小枝条的着药量；第2次当蚧壳下卵粒变成粉红色后，7～10天若虫便孵化出壳。是孵盛期和1代若虫发生期（5月下旬至6月上旬），初孵若虫尚未分泌蜡粉，抗药能力最差，是防治最佳有效时期。具体防治措施有：

(1) 发生较轻的果园可结合果树休眠期清园：清园药剂有虫螨21%复生600倍液加40%顺达灵1 000倍液加渗展宝2 000倍液、80%成标干悬浮剂600倍液加5%定击2 000倍液加渗展宝2 000倍液、21%复生（或80%成标）600倍液加 40%毒死蜱1 000倍液加渗展宝2 000倍液。

(2) 发生较重的果园应在若虫活动期或孵盛期和第1代若虫发生期进行防治。选用5%黄虱蚧杀或啶击乳油2 000倍液、3%金世纪或10%吡虫啉粉1 500倍液、35%赛丹1 500倍液、25%优乐得1 000倍液。并混加渗展宝2 000倍液，以提高药剂在果树枝梢的黏着力和渗透力，确保防效。同时可兼治蚜虫及蟑螂等刺吸类害虫。避免使用高毒的40%杀扑磷（速扑杀）800倍液，以免伤害果面和农药残留。

六、茶翅蝽

茶翅蝽 *Halyomorpha halys (Stal)*又称臭木蝽象，俗称臭大姐。属半翅目，蝽科。我国南北各省均有分布。食性很杂，除为害苹果、梨、桃外，还为害樱桃、海棠以及大豆等科植物。该虫在20世纪70年代以前，原为次要害虫，但近些年来，该虫在我国北方各大水果产区发生有明显上升的趋势，已成为苹果、梨和桃等果树的主要害虫之一。发生严重的果园，果实受害率达50%～80%左右。

1．为害状

茶翅蝽主要以成虫和若虫刺吸果实及嫩梢汁液，正在生长的果实受害部位生长缓慢，果肉组织木质化，变成凹凸不平的畸形果，失去商品价值。

2．形态特征

成虫：体长约15毫米，体灰褐色，触角5节，第2节比第3节短，第4节两端黄色，第5节基部为黄色。前胸背板前缘有4个横列的黄褐色小点，小盾片基部有5个横列的小黄点。

茶翅蝽成虫

若虫：若虫似成虫，翅未形成，腹部背面有黑斑。

卵：卵短圆形，初为灰白色，渐变黑褐色，块状。

3．发生规律

在北京地区1年发生1代，以成虫在屋檐下、窗缝、墙缝、草丛、草堆处越冬。5月上旬开始活动，刺吸植物汁液。卵产于叶片上，成块，每卵块含卵约20粒，7月上旬若虫孵化，为害叶、果，导致受害叶片褪绿、果实畸形。

4．防治方法

对该虫的防治，应以控制越冬代成虫的为害为主，药剂防治若虫为辅，具体措施有：

(1) 人工防治：秋、春季人工捕杀各越冬场所的越冬及出蛰的成虫。生长季也可利用成虫早晚不善飞行的习性震树捕杀。受害严重的果园，在产卵和为害前进行果实、果穗套袋。冬季清除枯枝落叶和杂草，集中烧毁，可消灭越冬成虫。

(2) 药剂防治：越冬成虫出蛰后，根据其首先集中为害果园外围树木及边行果树的特点，有选择地喷布农药，阻隔成虫向果园内迁入为害。常用药剂有50%辛硫磷乳油800倍液、及20%氰戊菊酯（杀灭菊酯）乳油等合成菊酯类农药3 000～4 000倍液；2.5%敌杀死（溴氰菊酯）乳油、2.5%功夫乳油或20%灭扫利乳油3 000倍液等菊酯类药剂；以及50%辛敌乳油等有机磷和菊酯类复配药剂均能收到较好防治效果。在田间卵及若虫发生期，结合果园内其他害虫的防治，喷布上述药剂均有较好的防治效果。

七、大青叶蝉

大青叶蝉 *Tettigella viridis (linnaeus)*又称青叶跳蝉、大绿浮尘子。属同翅目、叶蝉科。

在全国各地均有分布，但以北方地区较多。此虫食性杂，寄主植物多，主要有苹果、梨、桃、李、杏、梅、樱桃、山楂、葡萄、柑桔、枣、柿、核桃、栗等多种果树；桑、柳、杨、榆、刺槐等林木；麦类、谷类、豆类、高粱、玉米、花生、地瓜等农作物及白菜、萝卜等蔬菜。在果树上主要以成虫在幼树枝干表皮下产卵为害。造成大量伤口，致使枝干枯死。

1. 为害状

以成虫和若虫为害叶片，刺吸汁液，造成褪色、畸形、卷缩，甚至全叶枯死。

雌成虫用腹部产卵器划破树皮，将卵产在枝干皮层中，造成月牙状伤口，受害严重的枝条在冬春易于风干失水，形成“抽条”。

此外，大青叶蝉通过刺吸枝干上的汁液，传播病毒病。

2. 形态特征

成虫：体长7～10毫米，雌虫体略大。体青绿色，头淡黄色，颜面淡褐色。复眼黑色，有光泽。头

大青叶蝉秋季上树

大青叶蝉危害蔬菜植物

大青叶蝉成虫

大青叶蝉上树产卵

部背面有2个单眼，两单眼间有2个多边形黑斑。颊区在唇基缝处有1小形黑斑，触角窝上方有1块黑斑。后唇基侧缘、中央的纵纹及两侧的弯曲横纹为黄色。前胸背板前部淡黄绿色，后部为深青绿色。小盾片淡黄绿色，中间有1横刻纹。前翅绿色，带有青蓝色，前缘淡白色，翅的尖端灰白色，半透明。后翅黑灰色，半透明。腹部背面黑色，腹两侧、及末端、胸、腹部腹面及足均为橘黄色，跗爪黑色。

卵：长约1.6毫米，宽约0.4毫米，长卵形，中间稍弯曲。初产时卵为淡黄色，近孵化时可见红色眼点。

若虫：老龄时体长6～7毫米，初孵时灰白色，渐渐变为淡黄绿色，胸、腹部背面有4条暗褐色纵纹，外形似成虫，但翅未发育完整，仅具翅芽。

3. 发生规律

北方地区1年发生3代，以卵于树木枝条表皮下越冬。4月孵化，于杂草、农作物及蔬菜上为害，若虫期30～50天，第1代成虫发生期为5月下旬至7月上旬。各代发生期大体为：第1代4月上旬至7月上旬，成虫5月下旬开始出现；第2代6月上旬至8月中旬，成虫7月开始出现；第3代7月中旬至11月中旬，成虫9月开始出现。发生不整齐，世代重叠。成虫有趋光性，夏季颇强，晚秋不明显，可能是低温所致。成、若虫日夜均可活动取食，产卵于寄主植物茎秆、叶柄、主脉、枝条等组织内，以产卵器刺破表皮成月牙形伤口，产卵6～12粒于其中，排列整齐，产卵处的植物表皮成肾形凸起。每雌可产卵30～70粒，非越冬卵期9～15天，越冬卵期达5个月以上。前期主要为害农作物、蔬菜及杂草等植物，至9、10月农作物陆续收割、杂草枯萎，则集中于秋菜、冬麦等绿色植物上为害，10月中旬第3代成虫陆续转移到果树、林木上为害并产卵于枝条内，10月下旬为产卵盛期，直至秋后，以卵越冬。

4. 防治方法

(1) 清洁田园：铲除杂草，减少部分虫源。

(2) 人工防治：在10月以前，成虫尚未产越冬卵时，幼龄果树要涂自涂剂，防止成虫产卵。

(3) 诱杀灭虫：夏季灯火诱杀第2代成虫，减少第3代的发生。

(4) 药剂防治：在9月至10月间成虫转移到晚秋作物和蔬菜上为害时，可喷布50%敌敌畏乳油或40%乐果乳油1 500倍液，50%叶蝉散乳油1 000～1 500倍液、25%扑虱灵可湿性粉剂1 500～2 000倍液喷雾，杀灭成虫。

(5) 农业防治：在幼龄果园内不宜间作白菜、萝卜等晚秋作物。

八、黑绒金龟甲

黑绒金龟甲 *Serica orientalis Motschulsky*，又名东方金龟子、天鹅绒金龟子。属鞘翅目，金龟甲科。该虫在我国发生普遍，寄主范围甚广。主要寄主有苹果、梨、葡萄、桃、李、梅、山楂、柿、草梅等。

1. 为害状

早春成虫常群集为害果树的嫩芽、嫩叶、花序等幼嫩组织，常将芽叶食光，影响果树生长，特别是对当年定植的幼树为害更为严重。

2. 形态特征

成虫：体长7～10毫米，体黑色至黑褐色，被有黑色短绒毛。

卵：椭圆形，长约1毫米，乳白色，有光泽，卵孵化前色泽变暗。

幼虫：老熟幼虫体长约16毫米，头部浅褐色，胴部乳白色，多皱褶，被有浅褐色细毛，肛腹片上有28根刺，横向排列成单行弧状。

蛹：体长约6～9毫米，黄色，裸蛹，头部黑色至黑褐色。

黑绒金龟甲幼虫

黑绒金龟甲危害状

黑绒金龟甲生活史
（从左至右：成虫、卵、幼虫、蛹）

3. 发生规律

在“三北”地区1年发生1代，以成虫在土中越冬，第2年4月中旬出土活动，4月末至6月初为发生为害盛期，一般多在下午3时后出土上树群集为害，主要取食幼嫩的新梢、幼叶、花朵等树体幼嫩组织。傍晚时多围绕树冠飞行、取食、交尾。震树易落地。

雌成虫一般将卵产于树下的土壤中，卵孵化后，幼虫多以腐殖质和幼嫩的根为食，8月中、下旬羽化成虫。

成虫一般在日落前后从土中爬出，由于成虫飞翔能力强，傍晚飞到果树上取食危害，交进行产尾活动。在晚上9～10时陆续钻进土中潜伏。一般在温暖无风的天气出现较多，成虫活动的最适宜温度为20～25℃，在降雨量大、湿度高时有利于成虫出土危害。

成虫有趋光性，喜啃食杨树、榆树、柳树芽的习性，可利用此特点诱杀；成虫有假死特点，也可傍晚震落人工捕杀。

4. 防治方法

(1) 药剂防治：①树冠喷药：可用50%杀螟松乳剂1 500倍液，或2.5%敌杀死乳剂等合成菊酯类农药3 000倍液。②施用毒土：用50%辛硫磷乳油制成300倍毒上，撒在树冠下，在成虫出土时，毒杀成虫；同时对上树为害的成虫，利用其假死习性，人工震落，使之中毒死亡。

(2) 幼树套袋，防止金龟甲为害：具体方法是用旧报纸糊成45厘米×15厘米左右大小的纸袋，对新定植幼树于萌芽时套在枝、干上，袋端留一定的空间供发芽和长枝叶。袋下口用线或曲别针扎住。待金龟甲为害盛期过后，在阴天或晴天的下午取下纸袋，以免芽、叶突然受烈日暴晒而萎蔫。

(3) 诱杀成虫：在成虫发生期，在果园四周设置黑光灯，利用黑光灯诱杀成虫。

(4) 在成龄果园的四周、或新植幼树的行间内，于下午3时左右，用蘸有80%敌百虫100倍药的杨、柳树枝（最好要浸蘸2～3个小时以上），分散插在地里锈杀成虫，效果较好。

九、金纹细蛾

金纹细蛾 *Lithocolletis ringoniella Matsumura* 属鳞翅目，细

蛾科。

在我国北方地区均有分布。寄主植物以苹果为主，还有梨、桃、樱桃、海棠、李、沙果及山定子等蔷薇科植物。其幼虫潜食叶肉，形成虫斑。发生严重的果园，叶片上虫斑可达15～20个，致使叶面失去光合作用能力，造成早期落叶，严重影响树势。近年来此虫在国内发生较普遍，为害呈上升趋势，已成为我国苹果产区的主要害虫之一。

1．为害状

主要以幼虫潜入叶背表皮下取食叶肉，造成下表皮与叶肉的分离，叶背面形成皱褶，叶片正面虫斑处呈透明状网眼。

金纹细蛾幼虫

金纹细蛾危害状

金纹细蛾危害状

2．形态特征

成虫：体长一般为2～3毫米，翅展6～8.5毫米，前翅基部有3条银白色纵带，翅端部前缘有3个银白色的爪状纹。

卵：扁平椭圆形，长约0.3毫米，乳白色半透明。

幼虫：老熟幼虫体长约6毫米，黄色细纺锤形。

蛹：体长约4毫米，黄褐色，头部左右有1对角状突起，附肢端与身体分离。

3．发生规律

在北方地区1年发生5代，以蛹在被害叶片中越冬，早春在苹果树发芽时越冬虫羽化，在张家口地区成虫的发生盛期为：越冬代成虫出现期为4月上旬至4月中旬，第1代成虫出现期为6月下旬至7月上旬；第2代成虫出现期在7月下旬至8月上旬；第3代成虫出现期为8月中旬至下旬；第4代成虫出现期为9月中下旬。在第2代以后，成虫出现的世代不整齐，末代幼虫为害至10月上旬，即开始在被害叶内化蛹越冬。

成虫出现一般在早晨或傍晚飞行、交尾、产卵。一般将卵产于幼嫩叶片的背面，呈散生状。

幼虫孵化后，由卵底部直接蛀入叶片内食害，幼虫老熟时即在叶肉内化蛹。当成虫羽化、飞出时，一般会将蛹壳带出一部分。

在天然状态下，金纹细蛾可由其天敌——寄生蜂控制其危害，其天敌主要有：金纹细蛾跳小蜂 *ageniaspis testaceipes (ratz)*，金纹细蛾姬小蜂 *sympiesis sor-iceicornis (Ness)*。

4. 防治方法

(1) 人工防治秋、冬季彻底清除落叶，压低越冬虫源基数。但同时要注意保护天敌。结合春季修剪，剪除树冠下早期萌发的山定子等砧木根蘖苗，减少越冬代成虫在其上产卵繁殖。

(2) 药剂防治：金纹细蛾的发生数量，随着代数逐渐上升，应注意前期防治。特别是在越冬代和第1代成虫羽化盛期，可选喷布25%灭幼脲3号胶悬剂3 000～4 000倍液，或20%杀灭菊酯乳油2 000倍液、10%氯氰菊酯乳剂1 000～1 500倍液。因金纹细蛾的天敌种类非常丰富，对该虫的种群数量有着明显的抑制作用，实施药剂防治应尽量减少使用广谱性杀虫剂，注意保护和利用天敌的自控作用。

(3) 性诱剂诱杀：可利用人工合成金纹细蛾性外激素诱捕雄蛾。掌握其成虫发生时期，指导用药。金纹细蛾性外激素的主要成分为：顺10－十四碳烯醋酸酯和反4，顺10－十四碳双烯醋酸酯。两者含量比为80:20，每个诱芯含有效成分50微克。

(4) 水盆诱杀：在越冬代成虫羽化时，果园内设置一定数量的清水盆，可诱杀大量成虫。

十、康氏粉蚧

康氏粉蚧 *Pseudococcus comstocki* (*Kuwana*)，别名桑粉蚧、梨粉蚧、李粉蚧。属同翅目，粉蚧科，主要危害苹果、梨、桃、李、杏、山楂、葡萄等果树。在全国各地均有分布，主要以成虫和若虫吸食寄主植物的幼芽、嫩枝、叶片、果实、根部的汁液。

1. 为害状

主要以若虫和雌成虫刺吸芽、叶、果实、幼枝、果实及根部的汁液，嫩枝和根部受害常肿胀且易纵裂而枯死。幼果受害多成畸形果。虫体排泄蜜露常引起煤病发生，影响光合作用。

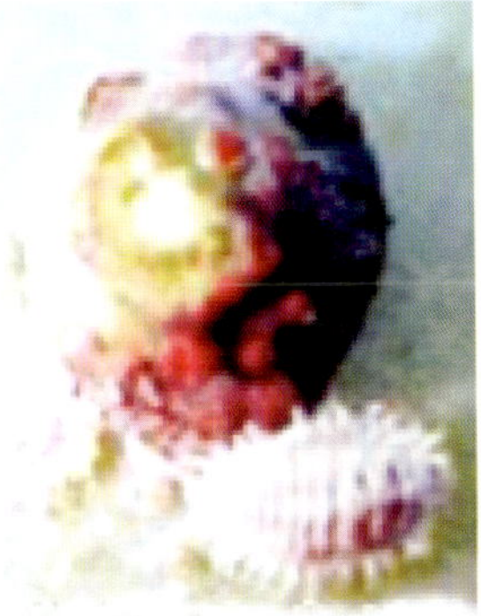

康氏粉蚧若虫

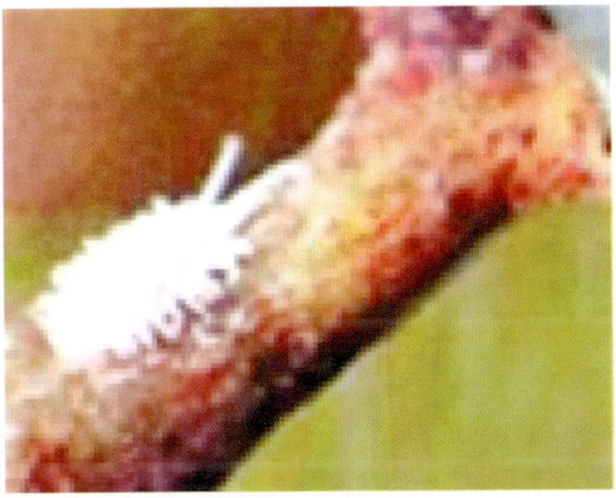

康氏粉蚧危害状

康氏粉蚧危害后，形成煤污病发生

2. 形态特征

成虫：雌体长3～5毫米，宽约3毫米，扁平状，椭圆形，淡粉红色，被较厚的白色蜡粉，体缘具17对白色蜡刺，前端蜡刺短，向后渐长，最末1对最长约为体长的2／3。触角丝状7～8节，末节最长，眼半球形。足细长。雄体长1.1毫米，翅展约2毫米，紫褐色；触角和胸背中央色淡。前翅发达透明，后翅退化为平衡棒。尾毛长。

卵：椭圆形，长0.3～0.4毫米，浅橙黄被白色蜡粉。常数十粒集中成块。

若虫：雌若虫3龄，雄若虫2龄。1龄呈椭圆形，长约0.5毫米，淡黄色体侧布满刺毛。2龄体长约1毫米，被白蜡粉，体缘出现蜡刺。3龄体长约1.7毫米与雌成虫相似。

蛹：体长约1.2毫米，淡紫色。

茧：长椭圆形，长2～2.5毫米，白色绵絮状。

3. 发生规律

在河南地区1年发生3代，以卵在枝条、树皮缝隙及土石缝处越冬，少数以若虫和受精雌成虫越冬。苹果萌动发芽时开始活动，越冬卵开始孵化若虫，并分散为害，主要食害苹果的幼嫩部分。第1代若虫盛发期为5月中下旬，6月上旬至7月上旬陆续羽化，交配产卵；

第2代若虫6月下旬至7月下旬孵化，盛期为7月中下旬，8月上旬至9月上旬羽化，交配产卵；第3代若虫8月中旬开始孵化，8月下旬至9月上旬进入盛期，9月下旬开始羽化，交配产卵越冬；早产的卵可孵化，以若虫越冬；羽化迟者交配后不产卵即越冬。一般雌若虫期35～50天，雄若虫期25～40天。雌成虫交配后再经短时间取食。在各代的雌雄虫交尾后，雌成虫爬到粗皮裂缝内、或果实的萼洼处、梗洼处产卵，有的将卵产在土中，产卵时，雌成虫分泌大量的棉絮状蜡质卵囊，卵产在囊内。单雌卵量：1代、2代200～450粒，3代70～150粒，越冬卵多产缝隙中。此虫可随时活动转移为害。

4. 防治方法

(1) 注意保护和引放天敌，主要天敌有瓢虫和草蛉。

(2) 初期点片发生时，人工刷抹有虫茎蔓。

(3) 药剂防治：在若虫分散转移期，分泌蜡粉形成介壳之前喷洒2.5%敌杀死或功夫乳油或20%灭扫利乳油、20%速灭杀丁乳油3 000～4 000倍液、10%氯氰菊酯乳油1 000～2 000倍液、50%马拉硫磷或杀螟松或稻奉散乳油 1 000倍液，如用含油量0.3%～0.5%柴油乳剂或黏土柴油乳剂混用，对已开始分泌蜡粉介壳的若虫害敢有很好杀伤作用，可延长防治适期提高防效。

十一、舟形毛虫

舟形毛虫 *Phalera flavescens* Bremer et Grey 属鳞翅目，舟蛾科。又名苹果天社蛾、苹掌舟蛾。该虫几乎遍布全国。主要为害苹果、梨树、海棠、樱花、榆叶梅、紫叶李、山楂、梅、柳等树木。

1. 为害状

初孵幼虫常群集为害，小幼虫啃食叶肉，仅留下表皮和叶脉呈网状，幼虫长大后多分散为害，但往往是一个枝的叶片被吃光，老幼虫吃光叶片和叶脉而仅留下叶柄。一株树上有1～2窝，舟形毛虫常将全树的叶吃光，致使被害枝秋季萌发。

2. 形态特征

成虫：体长约25毫米，翅展约25毫米。体黄白色。前翅不明显波浪纹，外缘有黑色圆斑6个，近基部中央有银灰色和褐色各半的斑纹。后翅淡黄色，外缘杂有黑褐色斑。

卵：圆球形，直径约1毫米，初产时淡绿色近孵化时变灰色或黄白色。卵粒排列整齐而成块。

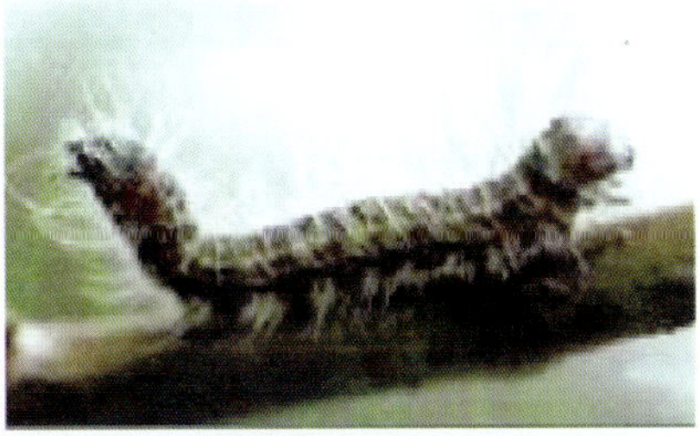

舟形毛虫幼虫

舟形毛虫成虫

幼虫：老熟幼虫体长50毫米左右。头黄色，有光泽，胸部背面紫黑色，腹面紫红色，体上有黄白色。静止时头、胸和尾部上举如舟，故称“舟形毛虫”。

蛹：体长20～23毫米，暗红褐色。蛹体密布刻点，臀棘4个至6个，中间2个大，侧面2个不明显或消失。

3．发生规律

1年发生1代。以蛹生树冠下1～18厘米土中越冬。翌年7月上旬至8月上旬羽化，7月中、下旬为羽化盛期。成虫昼伏夜出，趋光性较强，常产卵于叶背，单层排列，密集成块。卵期约7天。8月上旬幼虫孵化，初孵幼虫群集叶背，啃食叶肉呈灰白色透明网状，长大后分散危害，白天不活动，早晚取食，常把整枝、整树的叶子蚕食光，仅留叶柄。幼虫受惊有吐丝下垂的习性。8月中旬至9月中旬为幼虫期。幼虫5龄，幼虫期平均40天，老熟后，陆续入土化蛹越冬。

4．防治方法

(1) 冬、春季结合树穴深翻松土挖蛹，集中收集处理，减少虫源。

(2) 灯光诱杀成虫：因害虫成虫具强烈的趋光性，可在7、8月成虫羽化期设置黑光灯，诱杀成虫。

(3) 利用初孵幼虫的群集性和受惊吐丝下垂的习性，少量树木且虫量不多，可摘除虫叶、虫枝和震动树冠杀死落地幼虫。

(4) 药剂防治。低龄幼虫期喷功夫菊酯、速灭杀丁和溴氰菊酯等2 000倍液。树多虫量大，可喷500～1 000倍的每毫升含孢子100亿以上的Bt乳剂杀较高龄幼虫。虫量过大，可采取以下两种防治方法：① 2.5%的功夫乳油40毫升加1.8%的阿维菌素30毫升兑水25～30千克均匀喷雾；② 4.5%的高效氯氰菊酯60毫升加1.8%的阿维菌素30毫升兑水25～30千克均匀喷雾。

（5）人工释放卵寄生蜂，在幼虫发生期喷青虫菌、白僵菌等500～800倍液生物制剂。

十二、雀纹天蛾

雀纹天蛾 *Teretra japonica*，属鳞翅目天蛾科。别名日斜天蛾、小天蛾、葡萄斜条天蛾、爬山虎天蛾。主要分布于东北、河北、山东、山西、河南、安徽、长江流域、台湾等地。幼虫为害苹果、梨、葡萄、虎耳草、麻叶绣球、大绣球、爬山虎、绣球花等植物的叶。

1. 为害状

低龄幼虫食成缺刻与孔洞，稍大常将叶片食光，残留叶柄和粗脉。

2. 形态特征

成虫：体长27～38毫米，翅展59～80毫米，体绿褐色，体背略成棕褐色。头、胸部两侧及背部中央有灰白色绒毛，背线两侧有橙黄色纵线；腹部两侧橙黄色，背中线及两侧有数条不甚明显的灰褐至暗褐色平行的纵线。触角短栉状，淡灰褐色；复眼赤褐色。前翅黄褐色或灰褐色微带绿，后缘中部白色；中室上有1个小黑点；翅顶至后缘有6～7条暗褐色斜线，上面1条最显著，第2与第4条线之间色较淡，第3条线色稍深；外缘有微紫色的带。后翅黑褐色，臀角附近有橙黄色的

雀纹天蛾幼虫

雀纹天蛾成虫

三角形斑；外缘灰褐色，有不明显的黑色横线；缘毛暗黄色。

卵：短椭圆形约1.1毫米，淡绿色。

幼虫：体长约70毫米，有褐色与绿色两种色型。褐色型：全体褐色，背线淡褐色，第2腹节以后不明显；亚背线色浓，后部色较深，于尾角两侧相合；后胸亚背线上有1黄色小点；第1、第2腹节亚背线上各有1较大的眼状纹，中心部为

赤褐色圆点，外转黄色，外廓黑褐色，第1腹节者较大；第3腹节亚背线上有1稍大的黄色斑纹，其外廓略呈紫褐色；第1～7腹节两侧各有1条暗色向后方伸的斜带；尾角细长而弯曲，赤褐色，上面微带黑色。胸足赤褐色。绿色型：全体绿色，背线明显，亚背线白色，其上方浓绿色，其他斑纹同褐色型。初龄幼虫全体绿色，头部长三角形，尾角长大，褐色。

蛹：长36～38毫米，茶褐色，被细刻点。第1、第2腹节背面和第4腹节以下的节间黑褐色；臀刺较尖黑褐色。气门黑褐色。

3．发生规律

1年1代，以蛹于土中越冬。次年6月至7月羽化，成虫昼伏夜出，黄昏开始活动，喜食花蜜，有趋光性。卵散产于叶背。幼虫孵化后取食叶肉成孔洞，稍大食成缺刻，随幼虫生长而常将叶片食光、残留叶柄；白天静栖枝或叶柄上，夜晚活动取食。幼虫为害期为7～8个月。老熟后潜入表土层化蛹，以5～10厘米深土层内为多。

4．防治方法

(1) 挖除越冬蛹。结合冬季埋土和春季出土挖除越冬蛹。

(2) 捕捉幼虫。结合夏季修剪等管理工作，寻找被害状和地面虫粪捕捉幼虫。

(3) 诱杀成虫。利用成虫具有趋光的特性，在成虫盛发期悬挂黑光灯或频振式杀虫灯，诱捕成蛾。

(4) 结合防治其他病虫时，混用敌百虫、敌敌畏、40%乐斯本乳油1 500倍液等药剂，进行喷施。

(5) 幼虫易患病毒病，在田间取回自然死亡的幼虫，制成200倍液喷布枝叶。

十三、大蓑蛾

大蓑蛾 *Clania variegata Snellen*，别名大袋蛾、大背袋，俗称布袋虫。属鳞翅目，蓑蛾科。全国各地均有分布。该虫食性较杂，寄主材有600余种，但以蔷薇科植物、豆科植物、胡桃科植物和杨柳科植物较严重。是果树和园林植物的常见害虫。

1．为害状

幼虫体外有植物残屑和丝织而成的护囊，幼虫在护囊中咬食叶片、嫩梢或剥食枝干、果实皮层，造成叶片大孔洞和缺刻。该虫喜集中为害，严重时将叶片食光。

2．形态特征

成虫：雌雄异型。雌成虫体肥大，淡黄色或乳白色，无翅，足、触角、口器、复眼均有退化，头部小，淡赤褐色，胸部背中央有1条褐色

大蓑蛾护囊剖面

大蓑蛾护囊

大蓑蛾蛹

大蓑蛾成虫

隆基，胸部和第1腹节侧面有黄色毛，第7腹节后缘有黄色短毛带，第8腹节以下急骤收缩，外生殖器发达。雄成虫为中小型蛾子，翅展35～44毫米，体褐色，有淡色纵纹。前翅红褐色，有黑色和棕色斑纹，有4～5个透明斑；后翅黑褐色，略带红褐色；前、后翅中室内中脉叉状分支明显。

卵：椭圆形，直径0.8～1.0毫米，淡黄色，有光泽。

幼虫：雄虫体长18～25毫米，黄褐色，蓑囊长50～60毫米；雌虫体长28～38毫米，棕褐色，蓑囊长70～90毫米。头部黑褐色，各缝线白色；胸部褐色有乳白色斑；腹部淡黄褐色；胸足发达，黑褐色，腹足退化呈盘状，趾钩15～24个。

蛹：雄蛹长18～24毫米，黑褐色，有光泽；雌蛹长25～30毫米，红褐色。

3. 发生规律

在我国大部分地区1年发生1

代。多以3～4龄幼虫，个别以老熟幼虫在枝叶上的护囊内越冬。第2年春季，当气温上升到10℃左右时，越冬幼虫开始活动和取食，到5月中下旬后幼虫陆续化蛹，6月上旬至7月中旬成虫羽化并产卵，当年第1代幼虫于6月至8月发生，7月至8月为害最重。第2代的越冬幼虫在9月间出现，冬前为害较轻。成虫一般在下午羽化，雄蛾喜在傍晚或清晨活动，靠性引诱物质寻找雌蛾，雌蛾羽化翌日即可交配，交尾后1～2天产卵，雌虫产卵后干缩死亡。幼虫多在孵化后1～2天下午先取食卵壳，后爬上枝叶或飘至附近枝叶上，吐丝粘缀碎叶营造护囊并开始取食。幼虫老熟后在护囊里倒转虫体化蛹在其中。

4. 防治方法

(1) 人工防治：检查园地，发现虫囊时，及时摘除，集中烧毁。

(2) 注意保护利用天敌昆虫。蓑蛾的天敌有蓑蛾疣姬蜂、松毛虫疣姬蜂、桑螨疣姬蜂、大腿蜂、小蜂等。

(3) 生物防治：在幼虫为害盛期，喷1次青虫菌与多角体病毒混合液200倍液，或喷洒Bt制剂200～300倍液。

(4) 化学药剂防治：在幼虫低龄盛期，喷洒90%晶体敌百虫800～1 000倍液或50%杀螟松乳油1 000倍液、50%辛硫磷乳油1500倍液、90%巴丹可湿性粉剂1 200倍液、2.5%溴氰菊酯乳油4 000倍液。

十四、枯叶夜蛾

枯叶夜蛾 *Adris tyrannus Guenee*，别名通草木夜蛾。属鳞翅目夜蛾科，全国各地均有分布。主要以成虫吸食近成熟的苹果、梨、桃、葡萄、杏、柿、无花果的果实汁液。以幼虫为害通草、伏牛花、十大功劳。

1. 为害状

成虫以锐利的虹吸式口器穿刺果皮。果面留有针头大的小孔，果肉失水呈海绵状，以手指按压有松软感觉，被害部变色凹陷、随后腐烂脱落。常招致胡蜂等为害，将果实食成空壳。

2. 形态特征

成虫：体长35～38毫米，翅展96～106毫米，头胸部棕色，腹部杏黄色。触角丝状。前翅枯叶色深棕

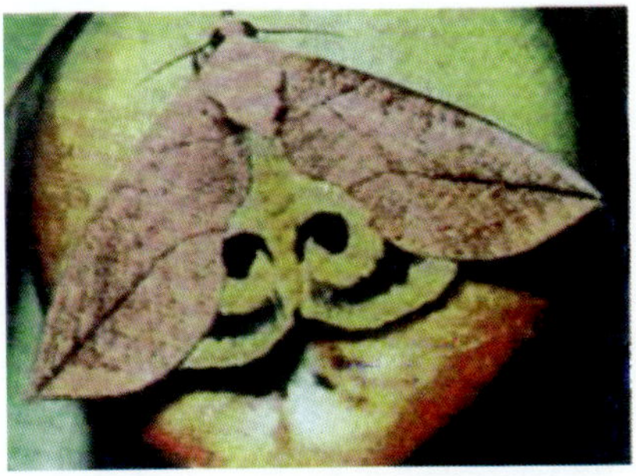

枯叶夜蛾成虫

微绿；顶尖很尖，外缘弧形内斜，后缘中部内凹；从顶角至后缘凹陷处有1条黑褐色斜线；内线黑褐色；翅脉上有许多黑褐色小点；翅基部和中央有暗绿色圆纹。后翅杏黄色，中部有1个肾形黑斑。

卵：扁球形1～1.1毫米，高0.85～0.9毫米，顶部与底部均较平，乳白色。

幼虫：体长57～71毫米，前端较尖，头红褐色无花纹。体黄褐或灰褐色，背线、亚背线、气门线、亚腹线及腹线均暗褐色；亚背面两侧各有1个眼形斑。胸足外侧黑褐色，基部较淡内侧有白斑；腹足黄褐色。

蛹：长31～32毫米，红褐至黑褐色。头顶中央略呈1尖突，头胸部背腹面有许多较粗而规则的皱褶；腹部背面较光滑，刻点浅而稀。

3. 发生规律

1年发生2～3代，多以成虫越冬，暖地可以卵和中龄幼虫越冬。发生期不整齐，从5月末到10月均可见成虫，以7月至8月发生较多。成虫昼伏夜出、有趋光性。喜为害香甜味浓的果实，7月以前为害杏等早熟果品，后转害桃、葡萄、苹果、梨等。成虫寿命较长，产卵于幼虫寄主茎和叶背。幼虫吐线缀叶潜其中为害，6月至7月间发生较多，老熟后缀叶结薄虫化蛹。秋末多以成虫越冬。

4. 防治方法

(1) 农业防治：合理规划苗圃：新建苗圃时，尽可能远离果园。

(2) 人工防治：成虫产卵、幼虫孵化期，加以捕杀。

(3) 铲除苗圃周围的木防已、通草等寄主植物。

(4) 灯光诱杀成虫：在成虫高发期，根据成虫具有趋光性，安装黑光灯或频振式杀虫灯进行诱杀。

(5) 药剂防治：在成虫产卵后，幼虫孵化后，及时喷施杀虫剂进行防治。常用药剂有90%晶体敌百虫800～1 000倍液，4.5%高效氯氰菊酯乳油1 500倍液，防治效果可达到95%以上。

(6) 生物防治：注意保护利用天敌。

十五、褐边绿刺蛾

褐边绿刺蛾 *Latoia consocia* *Walker*.又名青刺蛾、褐缘绿刺蛾、四点刺蛾、曲纹绿刺蛾、洋辣子等。属鳞翅目，刺蛾科。几乎分布于全国。幼虫为害苹果、梨、核桃、山楂、榆树和杨柳等近百种植物。

1. 为害状

以幼虫取食叶片，低龄幼虫啃食叶肉，使叶片呈网眼状，虫体稍大时，能将叶片食成缺刻或孔洞，严重时只残留叶脉和叶柄。

褐边绿刺蛾幼虫

褐边绿刺蛾成虫

2. 形态特征

成虫：体长15～17毫米，头、胸背面均呈绿色。复眼黑褐色，雄性触角呈羽状，雌性呈丝状。前翅绿色，基角有略带放射状的褐色斑纹，近外缘黄色，黄色部分边缘有弧状褐色线纹，后翅及腹部浅褐色，缘毛褐色。

卵：扁椭圆形，长1.2～1.5毫米，初产白色，渐变为黄绿色至淡黄色。

幼虫：老熟时体长约25毫米，圆筒状，初孵为黄色，长大后变为绿色。头红褐色，缩在前胸内，前胸背板黑色，身体翠绿色，背线黄绿色至浅蓝色，中胸及腹部第8节各有1对蓝黑色斑，后胸至第7节，每节有2对蓝黑色斑。腹部第8、9节各着生黑色绒球状毛丛1对。无枝刺，有刺毛丛。腹末有4丛蓝黑色刺毛。

蛹：卵圆形，长15～17毫米，藏于茧内。茧椭圆形，暗褐色，多在寄主树干周围3～7厘米深的土层中。

3. 发生规律

该虫在北方地区1年发生2代，以老熟幼虫在树干、枝叶间或表土层的土缝中结茧越冬，翌年4月至5月化蛹和羽化为成虫。扁刺蛾第1代幼虫出现于6月中旬至7月中旬，7月中旬后第1代幼虫老熟后结茧化蛹；8月初第1代成虫开始羽化产卵，第2代幼虫危害活动，于9月下旬以后陆续老熟结茧越冬。

卵多产在叶背面，每块卵块有数十粒，呈鳞状排列，卵期约6天。1代发生区幼虫为害盛期在7月至8月，2代发生区幼虫为害盛期在6月至9月。10月幼虫陆续老熟下树，寻找适宜土层结茧越冬。

成虫夜间活动，有趋光性；白天隐伏在枝叶间、草丛中或其他荫蔽物下。幼虫孵化后，低龄期有群集性，并只咬食叶肉，残留膜状的表皮；大龄幼虫逐渐分散为害，从叶片边缘咬食成缺刻甚至食光全叶；老熟幼虫迁移到树干基部、树枝分叉处和地面的杂草间或土逢中作茧化蛹。

4. 防治技术

(1) 农业防治：结合整枝、修剪、除草和冬季清园、松土等，清除枝干上、杂草中的越冬虫体，破坏地下的蛹茧，以减少下代的虫源。

(2) 诱杀成虫：刺蛾类成虫有很强的趋光性，在6月至8月掌握在盛蛾期，利用环保型频振式杀虫灯诱杀成虫。

(3) 保护和利用天敌：如刺蛾紫姬蜂、螳螂、多瘤蝽、蠋敌、小蜂等。

(4) 药剂防治：在幼虫发生为害期，应于低龄幼虫群集为害期，进行药剂防治，效果较好。可用Bt乳剂600倍液，或40%水胺硫磷乳油1 500倍液，或50%对硫磷乳油1 500倍液，或20%杀灭菊酯、5%来福灵乳油3 000～4 000倍液喷施。

十六、扁刺蛾

扁刺蛾 *Thosea sinensis (Walker)*，又名黑点刺蛾，八角虫、八角罐、羊蜡罐、白刺毛，幼虫俗称洋辣子，属鳞翅目、刺蛾科。扁刺蛾在全国各地均有发生，主要为害苹果、梨、桃、李、杏、樱桃、山楂、海棠、枣、柿、石榴、栗、核桃等多种果树。

1. 为害状

扁刺蛾以幼虫取食叶片为害，低龄啃食叶肉，稍大食成缺刻和孔洞，严重时食成光秆，造成严重减产。

扁刺蛾幼虫危害状

扁刺蛾成虫

2. 形态特征

成虫：雌蛾体长13～18毫米，翅展28～35毫米。体暗灰褐色，腹面及足的颜色更深。前翅灰褐色、稍带紫色，中室的前方有一明显的暗褐色斜纹，自前缘近顶角处向后缘斜伸。雄蛾中室上角有一黑点(雌蛾不明显)。后翅暗灰褐色。

卵：扁平光滑，椭圆形，长约1.1毫米，初为淡黄绿色，孵化前呈灰褐色。

幼虫：老熟幼虫体长21～26毫米，宽约16毫米，体扁、椭圆形，背部稍隆起，形似龟背。全体绿色或黄绿色，背线白色。体两侧各有10个瘤状突起，其上生有刺毛，每一体节的背面有2小丛刺毛，第4节背面两侧各有一红点。

蛹：长10～15毫米，前端肥钝，后端略尖削，近似椭圆形。初为乳白色，近羽化时变为黄褐色。

茧：长12～16毫米，椭圆形，暗褐色，形似鸟蛋。

3. 发生规律

扁刺蛾在华北地区1年发生1代。均以老熟幼虫在寄主树干周围土中结茧越冬。越冬幼虫于第2年4月中旬化蛹，成虫5月中旬至6月初羽化。幼虫发生期为5月中旬至8月底。

成虫羽化多集中在黄昏时分，尤以18～20时羽化最多。成虫羽化后即行交尾产卵，卵多散产于叶面，初孵化的幼虫停息在卵壳附近，并不取食，蜕第1次皮后，先取食卵壳，再啃食叶肉，仅留1层表皮。幼虫取食不分昼夜。自6龄起，取食全叶，虫量多时，常从一枝的下部叶片吃至上部，每枝仅存顶端几片嫩叶。幼虫期共8龄，老熟后即下树入土结茧，下树时间多在晚8时至翌日清晨6时，而以后半夜2～4时下树的数量最多。结茧部位的深度和距树干的远近与树干周围的土质有关：黏土地结茧位置浅，距离树干远，比较分散；腐殖质多的土壤及砂壤土地，结茧位置较深，距离树干较近，而且比较集中。

4. 防治方法

(1) 冬耕灭虫：结合冬耕施肥，将根际落叶及表土埋入施肥沟底，或结合培土防冻，在根际30厘米内培土6～9厘米，并稍予压实，以扼杀越冬虫茧。

(2) 灯光诱杀：加强虫情测报，当虫情严重时，在7月至8月第1代成虫期或5月至6月第2代成虫期，用频振式杀虫灯诱杀成虫。

(3) 生物防治：可喷施每毫升0.5亿个孢子青虫菌菌液。

(4) 化学防治：在幼虫发生期，用25%灭幼脲3号悬浮剂1 500倍液，5%农梦特（氟铃脲）乳油1 000～1 500倍液或20%杀铃脲悬乳油8 000～9 000倍液，上述酰尿类农药可用于花期；非花期可用

50%敌敌畏乳油或50%二溴磷乳油1 000倍液40.7%乐斯本乳油1 500～2 000倍液，25%喹硫磷（爱卡士）乳油1 000～1 500倍液，5%来福屡乳油2 500～3 000倍液，2.5%功夫乳油1 500～2 000倍。

十七、黄刺蛾

黄刺蛾 *Cnidocampa flav－escens* *Walker*，属鳞翅目刺蛾科。别名刺蛾、八角虫、八角缺罐、洋辣子、羊蜡罐、白刺毛。主要危害苹果、梨、桃、李、杏、樱桃、山楂、海棠、枣、柿、石榴、栗、核桃、柑橘、榆等多种果木。几乎遍布全国各地。

1. 为害状

以幼虫咬食叶片。低龄幼虫只食叶肉，残留叶脉，将叶片吃成网状；大龄幼虫可将叶片吃成缺刻，严重时仅留叶柄及主脉，发生量大时可将全枝甚至全树叶片吃光。

2. 形态特征

成虫：体长约15毫米，翅展约33毫米，体肥大黄褐色，头胸及腹前后端背面黄色。触角丝状灰褐色，复眼球形黑色。前翅顶角至后缘基部1/3处有臀角附近各有1条棕褐色细线，内侧线的外侧为黄褐色，内侧为黄色；沿翅外缘有棕褐色细线；黄色区有2个深褐色斑，均靠近黄褐色区，1个近后缘，1个在

黄刺蛾老熟幼虫

黄刺蛾幼虫群集危害状

黄刺蛾成虫

黄刺蛾蛹壳

翅中部稍前。后翅淡黄褐色，边缘色较深。

卵：椭圆形扁平，长1.4～1.5毫米，表面有线纹，初产时黄白，后变黑褐。数十粒块生。

幼虫：体长16～25毫米，肥大，呈长方形，黄绿色，背面有1紫色哑铃形大斑，边缘发蓝。头较小，淡黄褐色；前胸盾半月形，左右各有1黑褐斑。胴部第2节以后各节有4个横列的肉质突起，上生刺毛与毒毛，黑点，其中以3、4、10、11节者较大。气门红褐色。气门上线黑褐色，气门下线黄褐色。臀板上有2个黑点，胸中极小，腹足退化，第1～7腹节腹面中部各有1扁圆形"吸盘"。

蛹：长11～13毫米，椭圆形，黄褐色。

茧：石灰质坚硬，椭圆形，上有灰白和褐色纵纹似鸟卵。

3. 发生规律

辽宁、陕西1年发生1代，北京、四川1年2代。以幼虫于10月在树干和枝柳处结茧过冬。翌年5月中旬开始化蛹，下旬始见成虫。5月下旬至6月为第1代卵期，6月至7月为幼虫期，6月下旬至8月中旬为害盛期，7月下旬至8月为成虫期；第2代幼虫8月上旬发生，10月结茧越冬。

成虫羽化多在傍晚，以17～22时为盛。成虫夜间活动，趋光性不强。

雌蛾产卵多在叶背，卵几粒或数粒在一起。每雌产卵49～67粒，成虫寿命4～7天。幼虫多在白天孵化。初孵幼虫先食卵壳，然后取食叶下表皮和叶肉，剥下上表皮，形成圆形透明小斑，小斑可连接成块。4龄时取食叶片形成孔洞，5、6龄幼虫能将全叶吃光仅留叶脉。

幼虫老熟后在树枝上吐丝作茧。茧开始时透明，可见幼虫活动情况，后凝成硬茧。茧初为灰白色，不久变褐色，并露出白色纵纹。结茧的位置：在高大树木上多在树枝分叉处，苗木上则结于树干上。1年2代的第1代幼虫结的茧小而薄，第2代茧大而厚。第1代幼虫也可在叶柄和叶片主脉上结茧。

黄刺蛾的天敌主要有：上海青

蜂*chrysis shanghaiensis*、刺蛾广肩小蜂*eurytoma monemae*、刺蛾紫姬蜂*chlorcryptus purpuratus*、姬蜂*Mesochorus sp.*、螳螂、核型多角体病毒。

4. 防治方法

(1) 消灭越冬虫源：刺蛾越冬代茧期历时很长，一般可达7个月，可根据刺蛾的结茧地点分别用敲、挖、翻等方法消灭越冬茧，从而降低来年的虫口基数。

(2) 摘除虫叶集中销毁：刺蛾的低龄幼虫有群集危害的特点，幼虫喜欢群集在叶片背面取食，被害寄主叶片往往出现白膜状，及时摘除受害叶片集中消灭，可杀死低龄幼虫。

(3) 消灭老熟幼虫：老熟幼虫下地结茧时，多数于晚上或清晨下地，可在老熟幼虫下地时杀灭它，以减少下一代虫口密度。

(4) 灯光诱杀：成虫具有一定的趋光性，可在其羽化盛期设置黑光灯诱杀成虫。

(5) 化学防治：幼虫3龄前抵抗力弱，可用干黄泥粉喷撒杀死，5龄后抗药性增强，可用20%氰戊菊酯、2.5%溴氰菊酯乳油25毫升、50%杀螟松乳油80～100毫升、50%辛硫磷乳油50～80毫升等对水100升喷雾，每公顷树冠覆盖面积喷药2 250升。

(6) 生物防治：Bt制剂(含100亿孢子／克或毫升)125g(或毫升)，对水100升喷雾，若与90%晶体敌百虫30～50克混用效果更好。大蓑蛾核型多角体病毒(粗提液稀释到1×10^{-6}毫升)和青虫菌(含100亿孢子／克)的混合液，每公顷树冠覆盖面积喷3 000升左右，效果很好，同时能兼治大蓑蛾。

(7) 利用天敌防治：天敌昆虫上海青蜂可将卵产于黄刺蛾幼虫体上寄生，幼虫在寄主茧内越冬，翌年4月至5月成虫咬破寄主茧壳羽化，其寄生率可达58%；此外黑小蜂、姬蜂、寄蝇、赤眼蜂、步甲和螳螂等天敌对发生量可起到一定的抑制作用。

十八、美国白蛾

美国白蛾*Hyphantria cunea*，别名：秋幕毛虫。属鳞翅目灯蛾科。分布于辽宁、山东、陕西、河北、天津等省市。主要危害苹果、梨、李、杏、樱花、月季、红叶李、垂丝海棠、桃、紫荆、紫藤、葡萄、爬山虎、桂花、丁香、栀子花、锦带花、金银花、菊花等花木。

1. 为害状

幼虫孵化后在卵壳周围吐丝结网，最初粘叶一片，逐渐增多。幼虫在1、2龄期间取食叶肉，留下叶脉呈透明纱窗状，2龄时咬透叶片，4龄开始啃食叶缘，5～7龄连同叶肉一起吃光，仅留下叶脉。

幼虫边取食，边吐丝结网，随虫龄增大网幕不断扩展，可长达1米以上。

2. 形态特征

成虫：中型蛾子，雄蛾体长9～12毫米，头白色，翅展25～35毫米，触角双栉状。第1代雄蛾前翅从无斑到有浓密的暗色斑点，第2代雄蛾个别有斑点。雌蛾体长14～17毫米，翅展33～48毫米，触角锯齿状。成蛾前足基节及腿节端部为橘黄色，胫节和跗节大部为黑色，前足跗节的前爪长而弯，后爪短而直。

美国白蛾成虫

美国白蛾产卵状

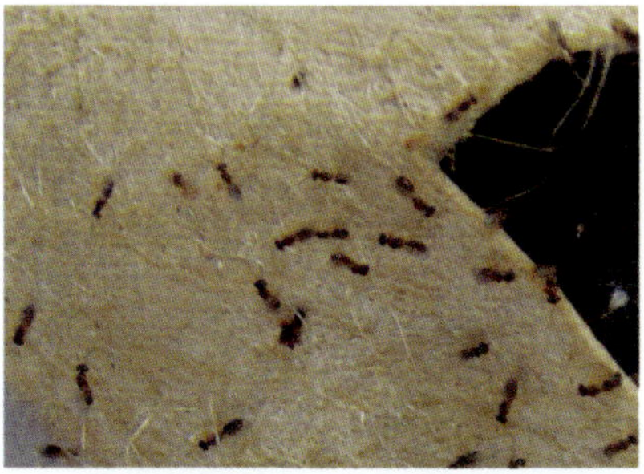

美国白蛾天敌——周氏啮小蜂

美国白蛾幼虫危害状

美国白蛾幼虫危害，树上结网

卵：球形，直径0.4～0.5毫米，表面有许多规则的小刻点，初产时淡绿色或黄绿色，有光泽，孵化前呈灰褐色。

幼虫：老熟幼虫分有红头型、黑头型两种。我国基本上为黑头型。头黑色发亮，宽约2.5毫米，头宽大于头高，额高大于额宽，唇基白色，单眼7个，呈“C”型排列，身体细长，圆筒形长约30毫米，背部有1条灰黑色或深褐色的宽纵带，各体节毛疣发达，毛疣上着生白色、褐色、黑色的毛丛，腹面灰黄至淡灰色，腹足黑色有光泽，趾钩为单序异形中带排列，中间长趾钩等长，10～16根，两侧趾钩22～24根，微小。

蛹：体长8～15毫米，宽3～5毫米，暗红褐色，臂棘具10～15个几乎等长的细刺；每刺端部膨大，末端凹陷呈盘状。

茧：淡灰色，薄，由稀疏的丝混杂幼虫的体毛组成网状。

3. 发生规律

美国白蛾是杂食性害虫，喜欢生活在阳光充足而温暖的地方，在交通线两旁，在公园、果园及村落周围和庭院的树上尤为集中。在林子边缘也多发现，但并不深入树林内部，因为树丛郁闭度大，阳光极不充足。

在我国北方地区，如辽宁地区1年发生2代，以蛹越冬。一般多在屋檐下、树皮下、树基上块中、石头缝隙里等处化蛹越冬。每年5月底6月上旬是越冬蛹羽化高峰期，6月下旬起是幼虫危害和网幕盛发期，7月中旬是老熟幼虫开始化蛹；第1代成虫7月下旬始见，第2代幼虫网幕盛发期在8月下旬和9月上旬，9月中旬至10月中旬老熟幼虫逐渐化蛹越冬。在北方有些地区，第2代幼虫在8月下旬就开始化蛹，可在9月出现不完全第3代危害。而在我国南方有些城市均比我国北方地区提前半个月至1个月。1年发生3～4代，以蛹越冬。翌年4月中下旬，越冬代蛹开始羽化，4月下旬至5月上中旬是羽化高峰期，羽化期一般在5月下旬结束。第1代幼虫发生在5月下旬至6月中旬。第1代成虫在6月下旬出现，羽化高峰期在7月上旬；幼虫发生于7月中下旬至8月下旬。第2代成虫发生在8月下旬至9月下旬，幼虫于9月上旬发生。第3代成虫在10月中下旬出现。美国白蛾食性极杂、产卵量大，抗饥饿能力强，是一种世界性的检疫害虫之一。

4. 防治方法

(1) 加强植物检疫，对来自疫区的苗木、接穗、花卉、鲜果及包装箱填充物和交通工具等必须严格检疫。

(2) 做好虫情监测，一旦发现检疫害虫，应尽快查清发生范围，并进行封锁和除治。

(3) 根据灯蛾成虫具有趋光性，于成虫羽化期设置灯光诱杀。

(4) 人工摘除网幕，巡查剪网：美国白蛾幼龄幼虫有群居危害和吐丝结网的习性，即1～4龄幼虫在树上为害时将局部枝条及叶片吐丝结成网幕状，在网内取食叶片。此时通过调查并用高枝剪及时剪除美国白蛾幼虫网幕及危害的枝条，即可消灭虫源达到除治的效果。剪下的枝条及网幕要装于塑料编织袋中，集中烧毁。

(5) 潜所诱集：利用该害虫以老熟幼虫沿树干下树寻找潜伏场所进行结茧的习性，在树干上人为设置结茧场所，引诱其潜伏，然后予以消灭。具体操作方法：对发现有美国白蛾危害发生的树木在老熟幼虫开始下树的时期，用稻草或麦秸、杂草等在树干上绑缚一周，诱集下树老熟幼虫，然后于化蛹前解下草把烧毁消灭虫源。

(6) 采用美国白蛾性引诱剂诱杀成虫，配合灯光诱杀效果更好。

(7) 药环毒杀：在老熟幼虫沿树干下树时，于树干上设置药环毒杀下树幼虫。操作方法：①配置药剂：用2.5%的溴氰菊酯1份兑10份的柴油搅拌均匀；②浸制药带：用报纸或牛皮纸等浸湿性和韧性较好的纸剪成20厘米宽的纸带后，浸泡于配置好的药剂中，至浸透后取出放入塑料袋中密封保存备用；③树干绑带：在美国白蛾幼虫开始下树时，用制备好的药带围绕树干一周，即可毒杀下树途经药带的幼虫。

(8) 药剂防治：幼虫期，可用80%敌百虫可溶性粉剂1 000倍液，20%菊杀乳油2 000倍液进行喷雾。对于幼虫发生危害严重地段也可用4.5%高效氯氰菊酯1 000倍液，另加25%灭幼脲3号1 500倍液混合后进行防治。

(9) 生物防治：可用苏云金杆菌（1亿孢子/ml）和灯蛾核型多角体病毒防治幼虫。还可释放周氏啮小蜂防治美国白蛾。同时要保护和利用草蛉、胡蜂、蜘蛛、鸟类等天敌。

十九、金缘吉丁虫

金缘吉丁虫 *Lampra limbata* *Gebler*，又称串皮虫、板头虫、梨吉丁等。属鞘翅目，吉丁甲科，主要危害梨、苹果、桃、杏、山楂等果树，其中梨树受害重，全国各梨产区均有发生。

1．为害状

以幼虫在形成层和木质部之间纵横蛀食，破坏输导组织，造成树势衰弱，树干逐渐枯死，以致全树死亡。被害枝干皮下有弯曲扁平的虫道，虫道内充满虫粪，但边缘整齐。受害部位组织松软湿润，表面变黑，似腐烂病，后期纵裂。枝干被咬食一圈时，其上部位很低快干枯死亡。

一般管理粗放，树势衰弱，伤口多的树受害重，树势健壮受害轻。

金缘吉丁虫危害状

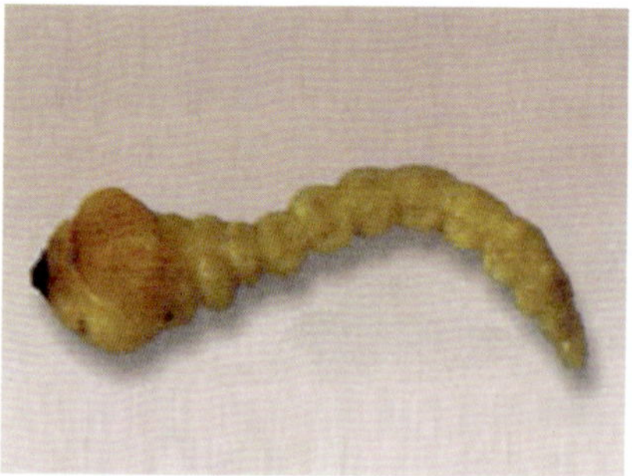

金缘吉丁虫幼虫

金缘吉丁虫成虫

2．形态特征

成虫：体长13～17毫米，宽约5毫米，全体绿色有黄色光泽，密布刻点，体扁平，有金属光泽，鞘翅上有几条蓝黑色断续的条纹。前胸至翅鞘前缘有一条金黄色纵条纹并有金红色银边，头中央有1条黑蓝色纵纹。

卵：椭圆形，长约2毫米，黄褐色。

幼虫：体长30～36毫米，扁平，淡黄白色，前胸扁平宽大。上有黄褐色人字纹，腹部逐渐细长，节间凹进。

蛹：体长15～20毫米，初为乳白色，后变为深褐色。

3．发生规律

在华北与西北地区每2年1代，以幼虫在受害枝干蛀道内过冬。3月下旬开始，老熟幼虫在木质部蛹室内化蛹，4月下旬成虫开始羽化。

成虫出孔后食害树叶，有假死性。5月中、下旬为产卵盛期，喜在衰弱树上产卵，卵多产在皮缝处。每头雌可产卵20～100粒。6月上旬为孵化盛期，3龄后蛀入皮层形成层处为害。

初孵幼虫先在绿皮层蛀食，几天后被害处周围色变深，逐渐蛀入皮下为害形成层，长期于木质部与韧皮部之间蛀食，既取食木质部的表层又取食韧皮部的内层，两者被食的深度近等。蛀道初期多呈片状，稍大便蛀成长形弯曲的隧道，有的行螺旋形蛀食，蛀道边缘整齐，蛀道内充满很细而硬的粪屑，粪屑初为黄白色，后变咖啡色。被害细枝常有汁液渗出，被害处外表常变褐至黑褐色；后期被害部常纵裂，甚至树皮与木质部分离。幼虫为害部位较广，从地下部根颈至具粗皮的枝均可为害，蛀食方向不规则。蛀道环绕枝干对环后常使枝干枯死。幼虫老熟时便蛀入木质部内，蛀一船底形蛹室，并从头端向外将木质部咬一羽化孔，蛹室后端以粪屑封闭，于内化蛹。

4. 防治方法

(1) 加强树体管理，增强树势；休眠期刮除主干、主枝的粗翘皮，消灭部分越冬虫源；及时清除枯死树、死枝并烧掉，减少虫源。

(2) 春季成虫羽化出洞前，用80%敌敌畏乳油和黄泥浆（1∶50～100倍）调匀后涂封树体上成虫出洞口；成虫产卵前，在树干涂白，阻止产卵。

(3) 幼虫危害初期，树皮变黑，用刀将皮下的幼虫挖出，或者用刀在被害处顺树干纵划2～3刀，阻止树体被虫环割，避免整株死亡，也可杀死其中幼虫。也可用5%高效氯氢菊酯乳油5～10倍液，或1∶20的敌敌畏煤油溶液涂刷被害部表皮（被害处略凹陷变黑）或树干，毒杀幼虫效果很好。

(4) 成虫羽化初期树干喷洒敌敌畏乳油1 000倍液，成虫发生期喷5%高效氯氢菊酯2 000倍液。利用成虫假死性，可在早晨振落捕杀成虫。

(5) 保护利用天敌（啄木鸟等）。

二十、红缘天牛

红缘天牛 *Asias halodendri* *Pallas* 属鞘翅目天牛科，别名红缘亚天牛、红条天牛。主要分布于北方地区。主要危害苹果、梨、榆叶梅、文冠果、葡萄、槐、榆和臭椿等。

1. 为害状

幼虫蛀食为害，在皮层下木质部钻蛀扁形蛀道，将粪排放于蛀孔外。羽化成虫后，成虫取食花器官补充营养。成虫产卵于衰弱的枝干皮缝中，幼虫孵化后先在韧皮部和木质部之间钻蛀，逐渐进入髓部为害。轻者植株生长势衰弱，部分枝干死亡，重者主干环剥皮，树冠死亡，造成风折干，尤其小幼木，受害后易全株死亡。

2. 形态特征

成虫：体长11～19.5毫米，宽3.5～6毫米，体黑色狭长，被细长灰白色毛。鞘翅基部各具1个朱红色椭圆形斑，外缘有1条朱红色窄条，常在肩部与基部椭圆形斑相连接。头短，刻点密且粗糙，被浓密深色毛，触角细长丝状11节超过体长。前胸宽略大于长，侧刺突短而钝，小盾片等边三角形。鞘翅狭长且扁，两侧缘平行，末端钝圆，翅面被黑短毛，红斑上具灰白色长毛，足细长。

卵：长2～3毫米，椭圆形，乳白色。

幼虫：体长22毫米左右，乳白色，头小、大部缩在前胸内，外露部分褐至黑褐色。胴部13节，前胸背板前方骨化部分深褐色，上有“十”形淡黄带，后方非骨化部分呈“山”字形。

蛹：长15～20毫米，乳白渐变黄褐色，羽化前黑褐色。

3. 发生规律

该虫1年发生1代，以幼虫有寄主的蛀道内越冬。翌年春季越冬幼虫开始活动为害，因为没有通气孔和排粪孔，所以从外观不易见到。每年3月越冬幼虫开始活动，4月至5月越冬幼虫化蛹和成虫羽化。成虫补充营养后，群集交尾。成虫产卵于生长势弱的枝干和各种伤口处，卵期10天左右。初孵幼虫先蛀食皮层，在韧皮部和木技部之间取食为害，一直为害到10月，气温下降后，幼虫蛀入木质部或近枝干髓部越冬。由于地区和温差不同，越冬时间不一。

4. 防治方法

(1) 捕捉成虫：5月至6月成虫活动盛期，巡视捕捉成虫，应连续多次捕捉成虫。

(2) 毒杀成虫和防止成虫产卵：在成虫活动盛期，用80%敌敌畏乳油或40%乐果乳油等，掺和适量水和黄泥，搅成稀糊状，涂刷在树干基部或距地在30～60厘米以下的树干上，可毒杀在树干上爬行及咬破树皮产卵的成虫和初孵幼虫，还可在成虫产卵盛期用白涂剂涂刷在村干基部，防止成虫产卵。

(3) 刮除卵粒和初孵幼虫：6月至7月间发现树干基部有产卵裂口和流出泡沫状胶质时，即刮除树皮下的卵粒和初孵幼虫，并涂以石硫合剂或波尔多液等消毒防止腐烂病发生。

(4) 毒杀幼虫：树干基部地面上发现有新鲜虫粪时，可将蛀道内虫粪掏出，塞入或注入以下药剂毒杀：①也可用56%磷化铝片剂（每片约3克），分成10～15小粒（每份约0.2～0.3克），每一蛀洞内塞入一小粒，再用泥土封住洞口。②用毒签插入蛀孔毒杀幼虫（毒签可用磷化锌、桃胶、草酸和竹签自制）。③钩杀幼虫：幼虫尚在根颈部皮层下蛀食，或蛀入木质部不深时，及时进行钩杀。④简易防治：利用包装化肥等的编织袋，洗净后裁成宽20～30厘米的长条，在星天牛产卵前，在易产卵的主干部位，用裁好的编织条缠绕2～3圈，每圈之间连接处不留缝隙，然后用麻绳捆扎，防治效果甚好。通过包扎阻隔，天牛只能将卵在编强袋上，其后天牛卵就会失水死亡。

二十一、桃红颈天牛

桃红颈天牛 *Aromia bungii Fald.*，别名：红颈天牛、红脖子天牛，属鞘翅目天牛科。分布于全国各地。主要危害桃、李、苹果、梨及梅花、垂丝海棠、木瓜海棠、西府海棠、贴梗海棠、菊花等花木。

1. 为害状

以幼虫蛀食主干和主枝，小幼虫先在皮层下串蛀，然后蛀入木质部，深达干心，受害枝杆被蛀中空阻碍树液流通，引起流胶，使枝杆未老先衰，严重时可使全株枯萎。蛀孔外堆满红褐色木屑状虫粪。

红颈天牛成虫

红颈天牛危害状

2. 形态特征

成虫：体长24～37毫米，宽8～10毫米。体漆黑色。有光泽；头部腹面有许多横皱，头顶部两眼间有浅凹；触角蓝紫色，触角基部两侧各有一叶状突起；前胸有两种色型，一种是前胸背面棕红色，前后端呈黑色，并收缩下陷密布横皱，两侧各有1个刺突，背面有4个瘤突；另一种是完全黑色。触角及足蓝紫色，翅鞘表面光滑，基部较前胸为宽，后端较狭。雌雄较易区别，雄虫体较小，前胸腹面密被刻点，触角超过体长5节；雌虫前胸腹而有许多横纹，触角超过体长2节。

卵：长椭圆形，乳白色，长约15毫米。

幼虫：老熟时体长42～52毫米，乳白色，略带黄色，前胸较宽广，体前半部各节略呈扁长方形，后半部呈圆筒形，体两侧密生黄棕色细毛。前胸背板的前缘和侧缘有4个稍骨化的黄棕色斑块，前缘中央的两块呈横长方形，每块前缘中央有凹缺；侧缘各有1块呈三角形，在前胸背板正中央有1块淡黄褐色瓜子状小斑纹，其两侧各有1片刚毛区。

蛹：淡黄白色，长32～46毫米，前胸两侧和前缘中央各有一突起，背板上有两排孔。

3. 发生规律

每2～3年发生1代，以不同虫龄的幼虫在枝杆蛀道内越冬，一般低龄幼虫在皮下，高龄幼虫在木质部内越冬。

第2年春，幼虫恢复活动，继续蛀食。严重时红褐色木屑状虫粪堆满干基地面，6月至9月间成虫羽化，以7月至8月为盛发期。初羽化的成虫在蛹室内停留3～5天，再钻出羽化孔，以雨后外出较多，晴天中午成虫常憩息在树干上，喜食水分和烂果汁。雌虫对雄虫引诱力较强，可引来50米以外的雄虫。羽化后2～3天交配，4～5天后产卵。卵多产在主干和大枝基部的缝隙中，以近地面30厘米左右为多。

幼虫孵化后，先在韧皮部皮层下蛀食，形成弯曲虫道，此时虫粪即积在皮下蛀道内，初受害枝杆外部无明显危害状。当年冬季即以小幼虫越冬。第2年开春后恢复活动，向木质部边材部分蛀食，蛀道向下发展。高龄幼虫在木质部形成不规则蛀道，树干上有蛀孔，从孔内向外排出红褐色木屑状虫粪，堆积在空口地表附近。当幼虫长30毫米左右时，再向上蛀食心材，并在其中度过第2年冬季。第3年春4月至6月老熟幼虫在蛀道末端黏结虫粪、木屑筑成蛹室，虫体转动头部向上，在蛹室内化蛹，6月至7月陆续羽化。

4. 防治方法

(1) 人工防治：幼虫孵化期，人

工刮除老树皮，集中烧毁。成虫羽化期，人工捕捉，主要利用成虫中午至下午2～3时静栖在枝条上，特别是下到树干基部的习性，进行捕捉。由于成虫羽化期比较集中，一般在10天左右。在此期间坚持人工捕捉，效果显著。成虫产卵期，经常检查树干，发现有方形产卵伤痕，及时刮除或以木槌击死卵粒。成虫发生前，在树干和主枝上涂白剂（生石灰10份，硫磺1份，食盐0.2份兽油0.2份，水40份），防止成虫产卵。

(2) 药剂防治：对有新鲜虫粪排出的蛀孔，可用小棉球蘸敌敌畏煤油合剂(煤油1 000克加入80%敌敌畏乳油50克)塞入虫孔内，然后再用泥土封闭虫孔，或注射80%敌敌畏原液少许，洞口敷以泥土，可熏杀幼虫。

(3) 生物防治：保护和利用天敌昆虫，例如管氏肿腿蜂。

二十二、桑天牛

桑天牛*Apriona germari Hope*又名桑粒肩天牛、褐天牛、黄褐天牛。属鞘翅目，天牛科。国内分布很广。主要为害苹果、海棠、樱桃、核桃、紫荆、枇杷、紫薇、柽柳、柑橘、橙、桑、樱花等。

1. 为害状

主要以成虫和幼虫危害。

幼虫危害时，初孵幼虫在2～4年生枝干中，先向上蛀食10毫米左右后，再向枝干木质部蛀食，逐渐进入髓部。幼虫在蛀道中每隔一段距离则向外咬一通气排粪孔。从枝干被害处表面，自上而下可见1串排粪孔，孔内无虫粪，而孔外和地面上可见红褐色虫粪。幼虫蛀食木质部，影响树体生长，易导致树干坏死腐朽。

成虫主要啃食枝梢嫩皮，造成枝叶枯黄。成虫在树枝上产卵，常刻成“U”字形。

桑天牛幼虫及危害状

桑天牛成虫

2. 形态特征

成虫：体长26～51毫米，宽8～162毫米，黑褐至黑色，密被青棕或棕黄色绒毛。触角丝状，11节，第1、2节黑色，其余各节端半部黑褐色，基半部灰白色。前胸背板前后横沟间有不规则的横皱或横脊，侧刺突粗壮。鞘翅基部密布黑色光亮的颗粒状突起，约占全翅长的1／4～1／3；翅端内、外角均呈刺状突出。

卵：长椭圆形，长6～7毫米，稍扁而弯，初乳白后变淡褐色。

幼虫：体长60～80毫米，圆筒形，乳白色。头黄褐色，大部缩在前胸内。服部13节，无足，第1节较大略呈方形，背板上密生黄褐色刚毛，后半部密生赤褐色颗粒状小点并有“小”字形凹纹；3～10节背、腹面有扁圆形步泡突，上密生赤褐色颗粒。

蛹：长30～50毫米，纺锤形，初淡黄后变黄褐色，翅芽达第3腹节，尾端轮生刚毛。

3. 发生规律

在北方地区2～3年1代，以幼虫在枝干内越冬，寄主萌动后开始为害，落叶时休眠越冬。北方幼虫经过2或3个冬天，于6月至7月间老熟，在隧道内两端填塞木屑筑蛹室化蛹。蛹期15～25天。羽化后于蛹室内停5～7天后，咬羽化孔钻出，7月至8月间为成虫发生期。成虫多晚间活动取食，以早晚较盛，约经10～15天开始产卵。2～4年生枝上产卵较多，产卵时，先将枝条表皮咬成“U”形伤口，然后产卵于其中，每处产1粒卵，偶有4～5粒者。每雌可产卵100～150粒，产卵约40余天。卵期10～15天，孵化后于韧皮部和木质部之间向枝条上方蛀食约1厘米，然后蛀入木质部内向下蛀食，稍大即蛀入髓部。开始每蛀5～6厘米长向外蛀1排粪孔，随虫体增长而排粪孔距离加大，小幼虫粪便红褐色细绳状，大幼虫的粪便为锯屑状。幼虫一生蛀隧道长达2米左右，隧道内无粪便与木屑。

桑天牛的天敌主要有：花绒坚甲 *dastarcus longulus* 和肿腿蜂 *scleraderma sp.*（主要寄生在幼虫和蛹体内），长尾啮小蜂 *apro－stocetus sp.* 和天牛卵姬蜂 *afukutai miwaet sonan* 及啄木鸟（以捕食幼虫）等，对天牛类的种群有一定的抑制作用。

4. 防治方法

(1) 结合修剪除掉虫枝，集中处理。

(2) 7月至8月间桑天牛成虫活动期，在寄主植物上喷施5%溴氰菊酯微胶囊剂2 000倍液或2.5%溴氰菊酯1 000倍液，可有效地杀灭成虫。

(3) 成虫产卵盛期后，在受害的幼嫩枝上挖除卵和初龄幼虫。

(4) 刺杀木质部内的幼虫，找到新鲜排粪孔用细铁丝插入，向下刺到隧道端，反复几次可刺死幼虫。

(5) 毒杀幼虫：初龄幼虫可用敌敌畏或杀螟松等乳油10～20倍液，涂抹产卵刻槽杀虫效果很好。蛀入木质部的幼虫可从新鲜排粪孔注入药液，如50%辛硫磷乳油10～20倍液，然后用湿泥封孔，杀虫效果良好。

二十三、光肩星天牛

光肩星天牛*Anoplophora glabripennis Motschulsky*，属鞘翅目天牛科。主要分布于北京、天津、河北等北方地区。主要危害苹果、梨、杨、柳、榆等，尤以杨、柳为主要树种的农田林网、四旁植树、行道树等普遍发生，危害严重时；被害树株枯死或风折，并且被害处易感染病害。

1. 为害状

幼虫经常返回蛀道口取食，受害后，树皮下陷，颜色变为暗褐色，开裂，流出树汁，并排出大量虫粪。

光肩星天牛幼虫

光肩星天牛成虫

光肩星天牛裸蛹

2. 形态特征

成虫：体黑色，有光泽。雌虫

体长22～41毫米，宽8～12毫米；雄虫体长20～29毫米，宽7～10毫米。头部比前胸略小，自后头经头顶至唇基有1条纵沟。触角鞭状，柄节端部膨大，梗节最小，第3节最长，自第3节起各节基部呈灰蓝色；雌虫触角约为体长的1.3倍，雄虫触角约为体长的2.5倍。前胸两侧各有1个刺状突起。鞘翅上各有不规则的由白色绒毛组成的斑纹20个左右，有的不清晰；鞘翅基部光滑无小瘤，肩角内侧有刻点。

卵：乳白色，长椭圆形，长5.5～7毫米，两端略弯曲；孵化前变为黄色。

幼虫：初孵幼虫乳白色。老熟幼虫淡黄色，头部为褐色，体长约50毫米。前胸背板凸字形斑在拐弯处角度较小；腹板的主腹片两侧无卵形锈色针突区。

蛹：乳白色至黄白色，体长30～37毫米，宽约11毫米。触角前端卷曲呈环形，置于前、中足及翅上。前胸背板两侧各有1个侧刺突；背面中央有1条压痕，翅尖端达腹部第四节前缘，有由黄褐色绒毛形成的毛斑1块。第八节背板上有1个向上生的棘状突起，腹面呈尾足状，有许多黑褐色小刺。

3. 发生规律

在河北南部1年、或2年发生1代。以卵、卵壳内发育完全的幼虫、蛹均能越冬。越冬幼虫于3月下旬开始活动取食，4月末5月初开始在坑道上部筑蛹室，6月中下旬为化蛹盛期。

成虫羽化后在蛹室停留6天至15天，6月上旬开始咬1个直径约10毫米的洞羽化外出，啃食杨柳叶柄、叶片和嫩枝，6月中旬到7月下旬为成虫出现盛期，8月上、中旬为末期，但成虫出现期可到10月中旬才结束。雌虫产卵前，咬刻槽，卵产于皮层与本质部之间，每刻槽内产卵1粒，有的无卵；产卵后分泌黏液以蛀屑堵塞孔口。初孵幼虫先摄食刻槽边缘的腐烂变黑部分，逐渐蛀害木质部表层，3龄以后蛀入木质部内，蛀成近“S”形或“U”形的坑道。

到10月中旬后，幼虫形态的，即以幼虫越冬；在9月中旬以后产下卵，即以卵越冬。

4. 防治方法

(1) 保护招引啄木鸟。对光肩星天牛、黄斑星天牛、桑天牛等等有明显的控制作用。

(2) 药剂防治：①成虫补充营养活动期，可用2.5%溴氰菊酯500倍液，25%西维因可湿性粉剂150～200倍液，40%乐果乳油1 000至1 500倍液等喷树冠。②幼虫未蛀入木质部前活动期，可用50%杀螟松乳油喷树干或涂胶泥。③树干堵塞，经常采用的有磷化锌毒签，磷化铝片、丸等，塞入最下面2～3个排粪孔，并用泥封死其他蛀孔，或用棉签沾下列药剂：50%马拉硫乳油、50%杀螟松乳油塞虫孔或注入虫孔。

二十四、梨木虱

梨木虱 *psyllachinensis*，属同翅目、木虱亚目、木虱科。分布于辽宁、河北、山东、内蒙古、山西、宁夏、陕西，以东北、华北等北方梨区发生普遍。主要为害各种梨树。

1. 为害状

主要以成、若虫刺吸芽、叶、嫩枝梢汁液进行直接为害，分泌黏液，招致杂菌，使叶片造成间接为害、出现褐斑而造成早期落叶，同时污染果实，影响品质。春季成、幼虫多集中于新梢、叶柄为害，夏秋季则多在叶面吸食为害。受害叶片叶脉扭曲，皱缩，产生枯斑，并逐渐变黑，提早脱落。

2. 形态特征

成虫：分冬型和夏型，冬型体长2.8～3.2毫米，体褐至暗褐色，具黑褐色斑纹。夏型成虫体略小，黄绿色，翅上无斑纹，复眼黑色，胸背有4条红黄色或黄色纵条纹。

卵：长圆形，一端尖细，具一细柄。

梨木虱成虫（长翅型）

梨木虱成虫（短翅型）

梨木虱成虫（夏型）

梨木虱成虫（冬型）

梨木虱危害状

若虫：扁椭圆形，浅绿色，复眼红色，翅芽淡黄色，突出在身体两侧。

3. 发生规律

在东北地区1年发生3～5代，在冀中南部区1年发生6～7代。以冬型成虫在落叶、杂草、土石缝隙及树皮缝内越冬。以冀中南部为例，在早春2月至3月份出蛰，3月中旬为出蛰盛期，在梨树发芽前即开始产卵在枝叶痕处，发芽展叶期将卵产在幼嫩组织茸毛内叶缘锯齿间、叶片主脉沟内等处。若虫多群集为害，在果园内及树冠间均为聚集型分布。若虫有分泌胶液的习性，在胶液中生活、取食及为害。直接为害盛期为6月至7月份，因各代重叠交错，全年均可为害到7月至8月份。雨季到来，由于梨木虱分泌的胶液招致杂菌，在相对湿度大于65%时，发生霉变。致使叶片产生褐斑并坏死，造成严重间接为害，引起早期落叶。

4. 防治方法

(1) 彻底清除树的枯枝落叶杂草，刮老树皮，严冬浇冻水，消灭越冬成虫。

(2) 在3月中旬越冬成虫出蛰盛期喷洒菊酯类药剂1 500～2 000倍液，控制出蛰成虫基数。

(3) 在梨落花95%左右，即第1代若虫较集中孵化期，也就是梨木虱防治的最关键时期。选用27%水胺氰1 200～1 500倍液，20%螨克(双甲脒)1 200～1 500倍液，10%高渗双甲脒1 500倍液，10%吡虫啉4 000～6 000倍液，1.8%阿维虫清(齐螨素)2 000～3 000倍液，35%赛丹1 500～2 000倍液，40%水胺硫磷1 500倍液等药剂和浓度，发生严重梨园，可在上述药剂及浓度下，加入助杀或消解灵1 000倍液等助剂，以提高药效。

二十五、草履蚧

草履蚧 *Drosicha corpulenta* (*Kuwana*)，别名草鞋介壳虫，属同翅目绵蚧科害虫。主要分布于全国各地。主要为害阔叶树种，如大叶黄杨、月季、海棠、红叶李、梨、丝棉木、女贞及苹果、梨、山楂、桃、李、杏、樱桃、枣、栗、核桃等。

1. 为害状

若虫和雌成虫刺吸嫩枝芽、枝干和根的汁液，削弱树势影响产量和品质，重者枯死。

草履蚧危害状

2. 形态特征

成虫：雌体长约10毫米，椭圆形，背面隆起似草鞋，黄褐至红褐色，疏被白蜡粉和许多微毛。触角黑色被细毛，丝状，9节较短。胸足3对发达，黑色被细毛。腹部8节，体背有横皱和纵沟。雄体长5～6毫米，翅展9～11毫米，头胸黑色，腹部深紫红色，触角念珠状10节，黑色，略短于体长，鞭节各亚节每节有3个珠，上环生细长毛。前翅紫黑至黑色，前缘略红；后翅特化为平衡棒。足黑色被细毛。腹末具4个较长的突起，性刺褐色筒状较粗微上弯。

卵：椭圆形，长1～1.2毫米，淡黄褐色光滑，产于卵囊内。卵囊长椭圆形白色绵状，每囊有卵数十至百余粒。

若虫：体形与雌成虫相似，体小色深。

雄蛹：褐色，圆筒形，长5～6毫米，翅芽1对达第2腹节。

3. 发生规律

1年发生1代，以卵和若虫在寄主树干周围土缝和砖石块下或10～12厘米土层中越冬。卵1月底开始孵化，若虫暂栖居卵囊内，寄主萌动开始出土上树，河南许昌为2月至3月上旬；河北昌黎3月间。先集中于根部和地下茎群集吸食汁液。随即陆续上树，初多于嫩枝、幼芽上为害，行动迟缓，喜于皮缝、枝叉等隐蔽处群栖。稍大喜于较粗的枝条阴面群集为害。雄若虫脱 2次皮后老熟，于土缝和树皮缝等隐蔽处分泌棉絮状蜡质茧化蛹，蛹期10天左右，雌若虫脱3次皮羽化为成虫。5月中旬至6月上旬为羽化期，交配后雄虫死亡，雌虫继续为害至6月陆续下树入土分泌卵囊，产卵于其中，以卵越夏越冬。雌虫多在中午前后高温时下树，阴雨天、气温低时多潜伏皮缝中不动。

天敌：红环瓢虫、暗红瓢虫。

4. 防治方法

(1) 雌成虫下树产卵时，在树干基部挖坑，内放杂草等诱集产卵，后集中处理。

(2) 阻止初龄若虫上树，方法很多，采用树干涂胶或废机油者较多，将树干老翘皮刮除10厘米宽1周，上涂胶或废机油，隔10～15天涂1次，共涂2～3次，应及时清除环下的若虫、树于光滑者可直接涂。

(3) 保护利用自然天敌。

(4) 药剂防治以若虫分散转移期施药最佳，虫体无蜡粉和介壳，抗药力最弱。可用40%乐果乳油500～1 000倍液或50%马拉硫磷乳油600～800倍液、80%敌敌畏乳油800倍液、25%亚胺硫磷或杀虫净或30%苯溴磷等乳油400～600倍液、50%稻丰散乳油1 500～2 000倍液。也可用矿物油乳剂夏秋季用含油量0.5%，冬季用3%～5%或松脂合剂夏秋季用18～20倍液，冬季8～10倍液。如化学农药和矿物油乳剂混用效果更好，对已分泌蜡粉或蜡壳者亦有防效。松脂合剂配比为烧碱2∶松香3∶水10。可以使用对蚧壳虫有特殊防治效果的狂杀蚧，一般1次使用即可达到较好的防治效果。

二十六、日本龟蜡蚧

日本龟蜡蚧 *Ceroplastes japonicus Green*，属同翅目蚧科害虫。别名：日本蜡蚧、枣龟蜡蚧、龟蜡蚧。分布于全国各地，为害多种植物。

1. 为害状

若虫和雌成虫刺吸枝、叶汁液，排泄蜜露常诱致煤污病发生，削弱树势重者枝条枯死。

2. 形态特征

成虫：雌成长后体背有较厚的白蜡壳，呈椭圆形，长4～5毫米，背面隆起似半球形，中央隆起较高，表面具龟甲状凹纹，边缘蜡层厚且弯卷由8块组成。活虫蜡壳背

日本龟蜡蚧

日本龟蜡蚧危害状

面淡红，边缘乳白，死后淡红色消失，初淡黄后现出虫体呈红褐色。活虫体淡褐至紫红色。雄体长1～1.4毫米，淡红至紫红色，眼黑色，触角丝状，翅1对白色透明，具2条粗脉，足细小，腹末略细，性刺色淡。

卵：椭圆形，长0.2～0.3毫米，初淡橙黄后紫红色。

若虫：初孵体长约0.4毫米，椭圆形扁平，淡红褐色，触角和足发达，灰白色，腹末有1对长毛。固定1天后开始泌蜡丝，7～10天形成蜡壳，周边有 12～15个蜡角。后期蜡壳加厚雌雄形态分化，雄与雌成虫相似，雄蜡壳长椭圆形，周围有13个蜡角似星芒状。

雄蛹：梭形，长约1毫米，棕色，形似笔尖状。

3. 发生规律

1年生1代，以受精雌虫主要在1～2年生枝上越冬。翌春寄主发芽时开始为害，虫体迅速膨大，成熟后产卵于腹下。产卵盛期：南京5月中旬，山东6月上中旬，河南6月中旬，山西6月中下旬。每雌产卵千余粒，多者3 000粒。卵期10～24天。初孵若虫多爬到嫩枝、叶柄、叶面上固着取食，8月初雌雄开始性分化，8月中旬至9月为雄化蛹期，蛹期8～20天，羽化期为8月下旬至10月上旬，雄成虫寿命1～5天，交配后即死亡，雌虫陆续由叶转到枝上固着为害，至秋后越冬。可行孤雌生殖，子代均为雄性。

天敌有瓢虫、草蛉、寄生蜂等。

4. 防治方法

(1) 做好苗木、接穗、砧木检疫消毒。

(2) 保护引放天敌。

(3) 剪除虫枝或刷除虫体。

(4) 冬季枝条上结冰凌或雾凇时，用木棍敲打树枝，虫体可随冰凌而落。

(5) 刚落叶或发芽前喷含油量10%的柴油乳剂，如混用化学药剂效果更好。

(6) 初孵若虫分散转移期喷洒40%氧化乐果500～1 000倍液或50%马拉硫磷乳油600～800倍液、25%亚胺硫磷或杀虫净或30%苯溴磷等乳油400～600倍液、50%稻丰散乳油1 500～2 000倍液。用矿物油乳剂，夏秋季用含油量0.5%，冬季用3%～5%或松脂合剂夏秋季用18～20倍液，冬季用8～10倍液。狂杀蚧是专门针对蚧壳虫研制的一种特效药，一般1次使用即可达到较好的防治效果。

无翅蚜虫

二十七、蚜虫

蚜虫又称蜜虫、腻虫等，多属于同翅目蚜科，为刺吸式口器的害虫，常群集于叶片、嫩茎、花蕾、顶芽等部位，刺吸汁液，使叶片皱缩、卷曲、畸形，严重时引起枝叶枯萎甚至整株死亡。蚜虫分泌的蜜露还会诱发煤污病、病毒病并招来蚂蚁危害等。危害苹果的蚜虫主要有桃蚜 *Myzus persicae*、棉蚜 *Aphis gossypii*、苹蚜 *Aphis pomi* 等。

桃蚜危害状

1. 为害状

蚜虫是以刺吸式口器从叶片、新梢中吸收大量汁液，使叶片营养恶化，常造成枝叶变形，生长缓慢停滞，严重时造成落叶以至枯死。树体受害后出现斑点、卷叶、皱缩、虫瘿、肿瘤等多种被害状，同时其排泄物常诱发煤污病。

蚜虫危害状

2. 形态特征

体长1.5～4.9毫米，多数约2毫米。有时被蜡粉，但缺蜡片。触角6节，少数5节，罕见4节，感觉圈圆形，罕见椭圆形，末节端部常长于基部。眼大，多小眼面，常有突出的3小眼面眼瘤。喙末节短钝至长尖。腹部大于头部与胸部之和。前胸与腹部各节常有缘瘤。腹管通常管状，长常大于宽，基部粗，向端部渐细，中部或端部有时膨大，顶端常有缘突，表面光滑或有瓦纹或端部有网纹，罕见生有或少或多的毛，罕见腹管环状或缺。尾片圆椎形、指形、剑形、三角形、五角形、盔形至半月形。尾板末端圆。表皮光滑、有网纹或皱纹或由微刺或颗粒组成的斑纹。体毛尖锐或顶端膨大为头状或扇状。有翅蚜触角通常6节，第3或3及4或3～5节有次生感觉圈。前翅中脉通常分为3支，少数分为2支。后翅通常有肘脉2支，罕见后翅变小，翅脉退化。翅脉有时镶黑边。

3．发生规律

1年发生10～20代，冬季在温室内可继续繁殖为害。在北方以卵在寄主植物的芽间越冬；在南方以成蚜、若蚜在梢上越冬。3月开始危害，4月中旬虫口密度剧增，5月至6月间为危害盛期。7月至8月高温期对该蚜不适宜，虫口密度下降。9月至10月虫口数量又上升为危害的又一盛期。10月下旬进入越冬期。南方2月开始活动，6月上、中旬为发生盛期，8月下旬至11月间为又一盛发期，12月越冬期；气候干燥，气温适宜，平均气温在20℃左右，是大发生的有利因素。

4．防治方法

（1）消灭虫源：将温室清理干净，消灭越冬虫源。

（2）生物防治：利用蚜茧蜂、瓢虫、食蚜蝇、草蛉、蜘蛛、食蚜绒螨等天敌防治。利用使蚜虫致病的蚜霉菌等微生物防治。

（3）药剂防治：重点喷药部位是生长点和叶片背面。用1.8%阿维菌素（虫螨克）3 000～5 000倍，10%吡虫啉可湿粉2 000倍液防治，50%抗蚜威可湿粉1 500～2 000倍液对蚜虫有特效，但对棉蚜效果差。或20%灭扫利乳油2 000倍液，或2.5%天王星乳油3 000倍液，或25%乐·氰乳油1500倍液，或40%乐果乳油1 000倍液，或20%复方浏阳霉素乳油1 000倍液，或30%乙酰甲胺磷乳油1 000倍液。

二十八、斑衣蜡蝉

斑衣蜡蝉*Lycorma delicatula*，属同翅目蜡蝉科，主要分布于“三北”地区。主要危害樱花、梅花、苹果、梨、海棠、桃花、石榴等花木。

1．为害状

以成虫、若虫群集在叶背、嫩梢上刺吸危害，栖息时头翘起，有时可见数十头群集在新梢上，排列成1条直线；引起被害植株发生煤

斑衣蜡蝉成虫

斑衣蜡蝉成虫

污病或嫩梢萎缩，畸形等，严重影响植株的生长和发育。

2. 形态特征

成虫：体长14～20毫米，翅展40～50毫米，全身灰褐色；前翅革质，基部约2/3为淡褐色，翅面具有20个左右的黑点；端部约1/3为深褐色；后翅膜质，基部鲜红色，具有7～8点黑点；端部黑色。体翅表面附有白色蜡粉。头角向上卷起，呈短角突起。

卵：长图形，褐色，长约3毫米，排列成块，披有褐色蜡粉。

若虫：体形似成虫，初孵时白色，后变为黑色，体有许多小白斑，1～3龄为黑色斑点，四龄体背呈红色，具有黑白相间的斑点。

3. 发生规律

1年发生1代。以卵在树干或附近建筑物上越冬。翌年4月中下旬若虫孵化危害，5月上旬为盛孵期；若虫稍有惊动即跳跃而去。经3次蜕皮，6月中、下旬至7月上旬羽化为成虫，活动危害至10月。8月中旬开始交尾产卵，卵多产在树干的南方，或树枝分叉处。一般每块卵有40～50粒，多时可达百余粒，卵块排列整齐，覆盖白蜡粉。成、若虫均具有群栖性，飞翔力较弱，但善于跳跃。

4. 防治方法

(1) 园艺防治：结合冬季修剪，刷除卵块。

(2) 药剂防治：若、成虫发生期，可选喷40%氧化乐果乳油1 000倍液，或50%辛硫磷乳油2 000倍液。

(3) 冬季刮除树干上的卵块。

(4) 斑衣蜡蝉以臭椿为原寄主，在为害严重的纯林内，应改种其他树种或营造混交林。

(5) 保护利用若虫的寄生蜂等天

敌。

二十九、小地老虎

小地老虎 *Agrotis ypsilon Rottemberg*，属鳞翅目、夜蛾科。其中以小地老虎分布最广，危害最严重。分布比较普遍，其严重危害地区为长江流域、东南沿海各省，在北方分布在地势低洼、地下水位较高的地区。

小地老虎幼虫

小地老虎成虫

小地老虎成虫

1. 为害状

小地老虎食性很杂，幼虫危害寄主的幼苗，从地面截断植株或咬食未出土幼苗，亦能咬食植物生长点，严重影响植株的正常生长。

2. 形态特征

成虫：体长10～23毫米，翅展42～54毫米。翅暗褐色，前翅前缘区黑褐色，基线浅褐色，内横线双线黑色波浪形，环纹黑色，有1个圆灰环，肾状纹黑色，其外侧有一明显的尖端向外的楔形黑斑，在亚缘线上侧有2个尖端向内的楔形黑斑，三斑相对，容易识别。后翅灰白色。

卵：半球形，表面有纵横隆线。初产时乳白色，孵化前变灰褐色。

幼虫：圆筒形，老熟幼虫体长41～50毫米，黄褐色至黑褐色。

3. 发生规律

小地老虎在全国各地1年发生2～7代。在辽宁、甘肃、山西、内蒙古等省1年发生2～3代；山东、河北、河南、陕西等省1年发生3～4代。5月中下旬到6月上旬是第1代幼虫危害盛期，昼伏夜出，成虫对黑光灯有强烈趋性，对糖、醋、蜜、酒等香、甜物质特别嗜好，故可设置糖液诱杀。

4．防治方法

(1) 清除杂草：杂草是小地老虎产卵的主要场所及初龄幼虫的食料，春季细耕整地清除田边杂草，可以消灭部分卵和幼虫。

(2) 诱杀成虫：①在春季成虫羽化盛期，用糖醋液诱杀成虫。糖醋液配制比为糖6份、醋3份、白酒1份、水10份加适量敌百虫及25%西维因可湿性粉剂50克，盛于盆中，于近黄昏时放于苗圃地中。②用黑光灯诱杀成虫。

(3) 在播种前或幼苗出土前，用幼嫩多汁的新鲜杂草70份与25%西维因可湿性粉剂1份配制成毒饵，于傍晚撒于地面，诱杀3龄以上幼虫。

(4) 人工捕杀：清晨巡视苗圃，发现断苗时，刨土捕杀幼虫。

(5) 药杀幼虫：幼虫危害期，喷洒25%功夫乳油3 000～5 000倍液、40.7%乐斯本乳油1 000～2 000倍液、30%佐罗纳乳油2 000～3 000倍液、25%爱卡士乳油800～1 200倍液；也可用50%辛硫磷乳油1 000倍液喷浇苗间及根际附近的土壤。

第三章

苹果病虫害防治及丰产优质管理技术要点

一、开花前

1. 关键技术

(1) 3月25日左右，全园喷1次铲除性药剂，杀灭枝干表面及皮下潜藏病菌。控制腐烂病、轮纹病及干腐病等枝干病害。可用药剂配方：高浓缩清园剂（机油·石硫）300～400倍液或自己熬制的石硫合剂3～5波美度。

(2) 花芽露红期（4月10号左右）：全园喷1次杀虫剂，除治棉蚜、瘤蚜、介壳虫、毒蛾、尺蠖等害虫。主推配方：48%乐斯本800倍液、或48.8%毒死蜱微乳剂1 500倍液。

(3) 3月至4月是刮治枝干病害的关键时期。要求：逐株逐枝检查，发现腐烂病斑要彻底刮除，刮后涂灭腐新原液。

2. 配套技术

(1) 开花前进行花前复剪，疏除多余花芽；花期及时疏除多余花序及花朵。

(2) 开花前10天左右，全园喷PBO200～300倍液，提高坐果率。

(3) 开花前枝干涂抹一次氨基酸涂抹宝原液，补充营养，提高坐果率。

(4) 有小叶病（缺锌）的果园，发芽前喷1次硫酸锌20倍液。

二、落花后—套袋前（4月下旬至6月上旬）

1. 关键技术

(1) 病害防治：套袋前喷杀菌剂主要防治果实轮纹病，兼治霉心病、斑点落叶病等病害。此期果实对药剂敏感，必须选用对幼果安全的杀菌剂。常用药剂有：

① 80%大生M-45：对幼果比较安全的保护性杀菌剂，使用800倍液，对轮纹病、炭疽病、霉心病、

斑点落叶病均有良好防治效果。② 70% 品润：对幼果十分安全的保护性杀菌剂，使用1 000倍液，对轮纹病、炭疽病、斑点落叶病效果良好。③ 25%苯醚甲环唑，对幼果十分安全的内吸性杀菌剂，使用 8 000～10 000倍液，对多种病害效果优异；④ 80% 多菌灵1 200～1 500 倍液，40%多菌灵胶悬剂800倍液，70%甲基硫菌灵800～1 000倍液等内吸性杀菌剂，对幼果安全。以上药剂可以交替使用，7～10天1次，套袋前共喷 3～4 次。

（2）虫害防治：落花后到套袋前，需要防治的虫害主要有以下几种：

① 盲蝽象：为害幼果萼凹附近，主要导致套袋果萼凹黑点。重点时期是落花后 1 个月内，比较有效的药剂有：48% 乐斯本 1 200 倍液、48.8%毒死蜱微乳剂1 500倍液等。落花后开始，7～10天1次，连喷2 次。这2 次喷药不但防治盲蝽象，而且兼治棉蚜、介壳虫、卷叶虫等害虫。② 山楂叶螨（红蜘蛛）：苹果发芽，越冬雌成螨出蛰；苹果落花，雌成螨产卵后逐渐死亡。落花后 7～10 天主要虫态是卵，喷 20% 克螨敌 1 500～2 000倍液效果优异；10～15 天，卵孵化为若螨，10% 高渗哒螨灵 3 000 倍液效果优异。③ 二斑叶螨（白蜘蛛）：6月初，越冬雌成螨开始上树为害。往年白蜘蛛为害较重的果园，此时应喷1次 1.8% 齐螨素 4 000～5 000 倍液，早期控制，以免成灾。④ 金纹细蛾（潜叶蛾）和卷叶蛾：五月中、下旬为金纹细蛾第1代成虫盛发期，此时应喷1 次 25% 灭幼脲 1 500～2 000 倍液、或苦参碱 3 000 倍液。此时喷灭幼脲，对卷叶蛾、棉铃虫等鳞翅目害虫也有良好效果。

（3）果实补钙：套袋果缺钙是生产中的重大问题。果实缺钙可致痘斑病、苦痘病、果面裂纹、蜜病等，对果品外观影响极大。果实补钙有两种方法：

① 是叶面喷钙，落花后6～8周内喷钙是果实补钙最有效的时期。速效钙、高效钙300～400倍比较有效。② 是土壤施钙，开花前后土施硝酸钙，每株0.5～1.5千克，效果较好。土施硝酸钙的关键是一定要施入根区。

2．配套技术

(1) 元帅系品种落果较严重，落花后20～30天喷1次PBO250～300倍液可明显减少落果，提高坐果率。

(2) 落花后主干涂刷氨基酸涂抹宝原液1 次，补充营养，增壮树势，可明显提高坐果率。

(3) 5 月中、下旬苹果树应该施

1次催果肥，此次施肥应以氮和磷为主，成龄树每株可施磷酸二铵1～2千克。

三、膨果期—采收期（6月中旬至10月下旬）

6月以后，果实加速生长，进入膨果期；7月为花芽分化期；8月至9月为中熟品种采收期；10月以后，晚熟品种进入采收期。

1．关键技术

（1）病害防治：套袋果园以防治叶部病害为主，以富士类为主栽品种的果园，主要防治褐斑病，以元帅系为主栽品种的果园，既要防治褐斑病，也要注意防治斑点落叶病；不套袋果园以防治果实病害为主，同时注意叶部病害的防治。果实病害主要是轮纹病，有些果园还要注意炭疽病和疫腐病。叶部病害与套袋果园相同。

①褐斑病：防治的关键措施有：一是搞好果园卫生，落叶后至发芽前彻底清扫落叶，集中烧毁或掩埋，可明显推迟该病的发生；二是及时喷药，5月下旬至6月中旬，只要有降雨，越冬病菌将侵染近地面叶片，根据降雨情况及时喷药，预防初侵染的关键：6月下旬河开始，喷施下列药剂：80%大生M-45、20苯醚甲环唑8 000～10 000倍液、80%多菌灵1 200倍液、40%多菌灵胶悬剂、50%多菌灵可湿性粉剂800倍液、70%甲基硫菌灵800～1 000倍液等杀菌剂对褐斑病均有良好效果。②斑点落叶病：主要为害元帅系品种，该病只能为害嫩叶。防治斑点落叶病的关键措施是及时喷药。常用药剂有：80%大生M-45，有相当好的预防作用，必须使用600倍；1.5%多抗霉素对该病有特效，应当使用400～500倍；多菌灵类、甲基硫菌灵类杀菌剂对该病无效。③轮纹病：最重要的果实病害，严重发生时可致生长期及贮存期大量烂果。防治关键是结合降雨情况及时喷药。对富士系苹果，喷药应坚持到9月中旬，元帅系苹果坚持到8月中旬。大生、苯醚甲环唑、多菌灵、甲基硫菌灵等杀菌剂对该病均有良好防治效果。④炭疽病：部分果园严重发生的果实病害。该病流行性强，再侵染次数多，防治不到位可致惨重损失。使用的药剂有：20%苯醚甲环唑8 000～10 000倍液、25%炭特灵（溴菌腈）800～1 000倍液、1.5%菌立灭（噻霉酮）600～800倍液对该病有优异的预防和治疗效果。大生等对该病有良好的预防效果。多菌灵、甲基硫菌灵也有一定的预防和治疗效果。⑤疫腐病：低凹潮湿、树冠郁闭果园易

发生该病，阴雨连绵季节该病可能严重发生。使用药剂有：90%疫霜灵600倍液、72%霜霉威800倍液、50%烯酰吗啉600～800倍液等药剂有良好治疗效果；多菌灵、甲基硫菌灵等对该病无效。

(2) 虫害防治：套袋果园重点防治叶部虫害，如棉蚜、潜叶蛾、螨类等。不套袋果园除叶部虫害外，重点防治果实害虫如桃小食心虫、蟑象等。

①棉蚜：7月上、中旬，绵蚜形成有翅蚜，大量迁飞，扩大为害范围，是当年防治的又一个关键时期。48%乐斯本1 500倍液、48%锐煞1 800倍液、硕丹1 500～2 000倍液，均有比较好的效果。②螨类：6月中旬以后，山楂叶螨（红蜘蛛）及二斑叶螨（白蜘蛛）都将进入严重为害期。50%克螨敌2 000倍液对红蜘蛛的成螨、若螨及卵均有强大的杀伤能力，1次喷药控制期可达60天左右。齐螨素（阿维菌素）类药剂对红、白蜘蛛的成、若螨杀伤力强大，但对卵效果较差。螨类发生较重时，克螨敌与齐螨素混用，防治效果比较理想。齐螨素类杀螨剂产品很多，效果较好的有：1%螨虱净3 000～4 000倍液、1.8%阿维菌素4 000～5 000倍液、2.4%齐螨素·高氯4 000倍液等效果比较理想。③桃小食心虫：不套袋果园受害较重。防治桃小食心虫要抓住两个关键时期：一是越冬幼虫出土期，时间一般在6月上、中旬降雨以后，使用3%辛硫磷颗粒剂或毒死蜱颗粒剂，在树干周围50厘米范围内撒施后混土，每株50～100克，杀灭出土幼虫；二是幼虫蛀果期，时间在7月上中旬，一般年份7月8～10号和18～20号各喷药1次，即可取得较好的效果。48%乐斯本1 200倍液、52.25%农地乐2 000倍液、25%马·氰1 200倍液等效果良好。以上药剂对潜叶蛾、卷叶蛾等鳞翅目害虫也有兼治效果。

2. 配套技术

(1) 6月下旬、7月下旬各喷1次PBO200～300倍液，促果实生长及花芽分化。

(2) 9月至10月上旬果园秋施肥。土施以有机肥为主，结合适量速效肥。一般盛果期树每株有机肥50千克左右加复合肥2～3千克左右。加强叶面喷肥有明显增强树势的效果。喷施浓度为：尿素0.5%～0.8%、磷酸二氢钾0.8%～1.0%，维果系列叶面肥500～600倍液。

(3) 腐烂病较严重的果园，5月至7月用45%施纳宁100～150倍液涂刷主干和大枝，1月1次，连涂2～3次。

四、落叶后

全园喷1次高浓缩清园剂（机油·石硫）300倍液，铲除枝干带菌，控制腐烂病严重发生。

向您推荐

现代养鹅疫病防治手册	22.00 元
现代养猪疫病防治手册	22.00 元
现代养鸡疫病防治手册	22.00 元
贵妃鸡高效益养殖与繁育技术	16.00 元
蛋用鹌鹑高效益养殖与繁育技术	16.00 元
三黄鸡高效益养殖与繁育技术	19.00 元
林下经济作物种植新模式	22.00 元
黄粉虫养殖技术与应用	11.00 元
蚯蚓养殖技术与应用	13.00 元
蝇蛆养殖技术与应用	8.00 元
商品蛇饲养与繁育技术	14.00 元
肉用鹅饲养与繁育技术	16.00 元
肉兔饲养与繁育技术	15.00 元
肉用鸭饲养与繁育技术	17.00 元

向您推荐

新农村建设科技入户丛书

- 怎样办好家庭养猪场　15.00 元
- 怎样办好家庭养貉场　13.00 元
- 怎样办好家庭养鹅场　10.00 元
- 怎样办好家庭淡水虾养殖场　15.00 元
- 怎样办好家庭河蟹养殖场　15.00 元
- 怎样办好家庭泥鳅黄鳝养殖场　17.00 元
- 怎样办好家庭牛蛙养殖场　10.00 元
- 怎样办好家庭肉兔养殖场　12.00 元
- 怎样办好家庭獭兔养殖场　12.00 元
- 怎样办好家庭养鸡场　18.00 元
- 怎样办好家庭养鸭场　12.00 元
- 怎样办好家庭肉鸽养殖场　15.00 元

图书在版编目（CIP）数据

苹果病虫害诊治原色图谱／楚燕杰主编．—北京：科学技术文献出版社，2011.10
ISBN 978-7-5023-6863-0
Ⅰ．①苹… Ⅱ．①楚… Ⅲ．①苹果－病虫害防治方法－图谱
Ⅳ．①S436.611-64
中国版本图书馆 CIP 数据核字（2011）第 013122 号

苹果病虫害诊治原色图谱

策划编辑：袁其兴　责任编辑：浦　欣　责任校对：唐　炜　责任出版：王杰馨

出版者　科学技术文献出版社
地　址　北京市复兴路 15 号 邮编 100038
编务部　(010)58882938，58882087(传真)
发行部　(010)58882868，58882866(传真)
邮购部　(010)58882873
网　址　http://www.stdp.com.cn
发行者　科学技术文献出版社发行　全国各地新华书店经销
印刷者　北京时尚印佳彩色印刷有限公司
版　次　2011 年 10 月第 1 版　2011 年 10 月第 1 次印刷
开　本　889 ×1194　1/32 开
字　数　96 千
印　张　3.5
书　号　ISBN 978-7-5023-6863-0
定　价　19.00 元